油气光学系列丛书

太赫兹光谱分析技术

Teraherz Spectrum Analysis Technology

赵 昆 詹洪磊 著

U0223151

科学出版社

北 京

内 容 简 介

本书是《油气光学系列丛书》之一，以油气资源太赫兹表征与评价过程中的光谱解析为基础，简要介绍太赫兹光谱相关知识及 MATLAB 软件与编程；并从原理、数学算法和实际应用等方面分别介绍线性回归分析、主成分分析、聚类分析、人工神经网络、支持向量机及二维相关光谱等方法；最后讲述如何针对太赫兹光谱应用过程中的具体特点选择多种方法联用来解决实际问题。

本书可作为理工科专业的高年级本科生、研究生的光谱分析学习教材，也可以作为从事该领域研究的科技工作者的参考书。

图书在版编目（CIP）数据

太赫兹光谱分析技术 / 赵昆，詹洪磊著. —北京：科学出版社，2017.6
（油气光学系列丛书）
ISBN 978-7-03-053573-3

Ⅰ.①太… Ⅱ.①赵… ②詹… Ⅲ.①电磁辐射-光谱-研究 Ⅳ.① O441.4

中国版本图书馆 CIP 数据核字（2017）第 121626 号

责任编辑：万群霞　崔慧娴 / 责任校对：桂伟利
责任印制：吴兆东 / 封面设计：无极书装

科 学 出 版 社 出版
北京东黄城根北街 16 号
邮政编码：100717
http://www.sciencep.com

北京九州迅驰传媒文化有限公司 印刷
科学出版社发行　各地新华书店经销
*
2017 年 6 月第 一 版　开本：720×1000　B5
2022 年 1 月第四次印刷　印张：13 1/4
字数：256 000

定价：88.00 元
（如有印装质量问题，我社负责调换）

前　言

自笔者 2011 年提出油气光学(oil and gas optics)概念以来，就一直致力于将最新的光学技术与油气资源勘探相结合，解决光与油气物质相互作用及光学新技术在油气领域应用的基础科学问题。太赫兹光谱在电磁波频率上位于微波和红外光谱之间，由于大分子的振动和转动能级大多处于太赫兹波段，许多有机物在太赫兹光谱波段具有明显的特征响应，因此，太赫兹光谱是检测油气物质行之有效的方法之一。但太赫兹光谱在油气领域的应用过程中由于研究检测对象成分众多、结构较复杂，其太赫兹光学参数谱反映了样品中物质的综合信息，油气物质的太赫兹光学参数有时很难直观地反映部分重要物性和指标，给油气资源的表征和评价带来了一定的困难。发展适合的太赫兹光谱分析技术是解决这一难题的有效方法。针对油气资源太赫兹表征评价的实际特点，笔者进行了长期的探索和研究，发展了几种解决油气物质太赫兹光谱解析难题的方法，并将这些方法编写成此书。

本书是《油气光学系列丛书》中的一册，是基于笔者多年研究的经验总结，且书中大部分实例为笔者本人的科研成果。本书是一本综合介绍太赫兹光谱解析的著作，在编写过程中注意理论学习和实际操作相结合，一方面详细推导从数据输入到结果输出的运算过程，给出大部分算法的实施程序和操作方案；另一方面通过大量的实例为读者讲述每种算法的应用条件和效果。因此，本书的内容描述生动形象、图文并茂、脉络清晰、可读性强。希望读者通过认真阅读本书，可以快速掌握太赫兹光谱分析及其相关方法。

全书共 8 章，第 1 章为太赫兹光谱技术及 MATLAB 编程简介；第 2 章为线性回归分析方法及应用；第 3 章为主成分分析方法介绍和应用实例；第 4 章为聚类分析方法、MATLAB 实现及应用实例；第 5 章为人工神经网络原理、MATLAB 工具箱及其应用；第 6 章为支持向量机分类和回归理论及其应用实例；第 7 章为二维相关光谱原理、解析及应用；第 8 章为前述光谱分析方法联用的条件及具体的案例分析。这样编排是为了使读者既充分了解和学习各种方法的原理及使用，又可以根据实际问题灵活选择多种方法联用来解决难题。需要说明的是，尽管书中许多介绍是源于油气资源的需求和特点，且列举的大部分实例为油气物质的太赫兹光谱表征与评价，但所述的部分太赫兹光谱分析方法亦可适用于其他领域的太赫兹光谱应用研究，读者只需根据自身要求，对数据输入形式、程序相关参数、数据输出形式及作图方式作适当调整即可。

本书得到了国家自然科学基金、国家重大科学仪器设备开发专项、国家重点基础研究计划（973 计划）、中国石油和化学工业联合会科技指导计划，以及油气资源与探测国家重点实验室、中关村示范区重点产业开放实验室、首都科技创新券开放实验室、中国光学工程学会科技创新平台的大力支持。

本书在写作过程中得到了许多专家学者的支持，感谢中国石油大学(北京)油气光学探测技术北京市重点实验室、全国石油和化工行业油气太赫兹波谱和光电检测重点实验室的全体教师和学生，感谢首都师范大学的张存林教授、张卓勇教授和张振伟副教授，感谢中央民族大学的杨玉平副教授，他们在本书的编校过程中给予了极大的关注和支持。

由于作者水平有限，书中不妥之处在所难免，恳请广大读者批评指正。

赵 昆

2017 年 1 月 9 日于北京

目　　录

第1章 概 述

太赫兹光谱技术在石油勘探、油气储运、石油化工及油气污染监测的应用过程中体现出在线、无损、快速等优越性的同时，也表现了其在油气资源关键指标和应用科学问题方面所亟需的有效光谱分析方法的特点。利用数学分析方法对研究对象的太赫兹光学参数进行进一步处理，并通过软件编程实现，以此提高太赫兹光谱表征评价的效率和精度，是本书讨论的主要问题。本章主要介绍太赫兹光谱和 MATLAB 软件的一些基础知识，以使读者对太赫兹光谱分析技术有一个初步的认识。

1.1 太赫兹光谱

本书所介绍的方法都是用于对太赫兹光谱进行解析，因此本节将简要介绍太赫兹光谱技术的概念、太赫兹时域光谱装备及光学参数的提取。

1.1.1 太赫兹技术简介

太赫兹(terahertz, THz)波通常是指电磁波谱上位于微波和红外线之间的电磁波辐射，这一频段的电磁波在历史上也经常被称为亚毫米波或远红外波。通常所说的太赫兹波的频率一般为 $0.1 \sim 10 \mathrm{THz} (1 \mathrm{THz} = 10^{12} \mathrm{Hz})$，其在电磁波谱上的位置如图 1-1 所示。历史上，无论是从低频的微波往高频方向发展，还是从高频的可见光往低频方向发展，在这一频段的辐射源和检测方法由于原理或技术上的困难而难以实现，很长一段时间内太赫兹波段的相关研究曾一度处于停滞状态，被称为太赫兹空隙。在 20 世纪 80 年代中期以前，由于缺乏有效的产生方法和检测手段，科学家对于该波段电磁辐射性质的了解非常有限。

近十几年来，超快激光技术的迅速发展，为太赫兹脉冲的产生提供了稳定、可靠的激发光源，使太赫兹辐射的产生和应用得到了蓬勃发展。在电磁波谱中，

太赫兹波段是电磁波谱中最后一个有待全面研究的重要频段。同时，太赫兹

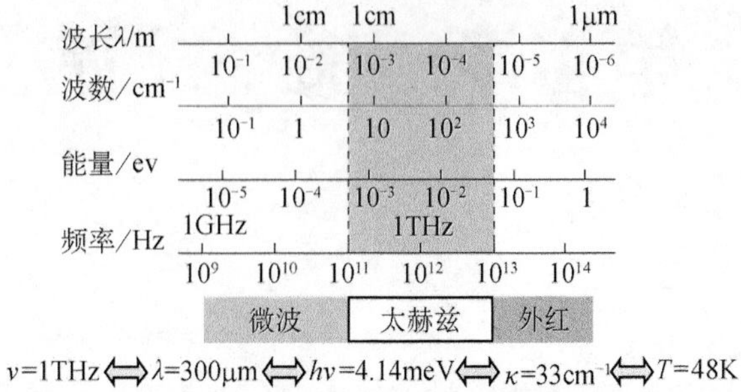

$\nu=1\mathrm{THz} \Longleftrightarrow \lambda=300\mu\mathrm{m} \Longleftrightarrow h\nu=4.14\mathrm{meV} \Longleftrightarrow \kappa=33\mathrm{cm}^{-1} \Longleftrightarrow T=48\mathrm{K}$

图 1-1　太赫兹波段在电磁波谱中的位置

波在电磁波谱中又处于非常特殊的位置：从长波方向看，它与微波毫米波有重叠；从短波方向看，它与红外光有重叠。同时，太赫兹波段也是电磁波谱上由电子学领域向光子学领域过渡的区域，对太赫兹波段的研究具有重要的科学研究价值和实际应用价值[1]。

　　近年来太赫兹技术的研究逐渐呈现出两种趋势：第一是继续研究太赫兹波的产生或探测新方法，第二是进行太赫兹技术推广和实际应用的研究。太赫兹辐射所具有的独特性质决定了它可以与傅里叶变换红外光谱技术、X 射线技术及近红外光谱技术相互补充。随着太赫兹技术的快速发展，可以预见太赫兹技术将在基础研究领域、工业应用和军事应用领域有相当广阔的应用前景。近些年，随着太赫兹辐射源和太赫兹检测技术的发展，太赫兹技术已经在生物学、医学、环境科学和通信等领域显示出巨大的应用潜力。最近几年，太赫兹技术用于开展油气领域上、中、下游的研究，已取得实质性的效果和进展，如地质晶体包裹体演化模拟、油气储层有机质的生烃演化过程表征、油页岩热解过程及生成的油气表征、常规和非常规天然气主成分的测定、油气储运及管道腐蚀检测、管道中不同地区原油的快速识别、上百种成品油数据库的建立以及大气污染物 PM2.5 污染程度和污染源的实时监测等，部分结果已具有实用的参考价值。

　　与传统的电磁波辐射源相比，太赫兹辐射具有很多独特的性质[2]。

　　(1) 穿透性：太赫兹波对于很多非极性的介电材料和非极性的液体具有良好的穿透性。对如塑料袋、布料、纸箱等材料有很强的穿透能力，可以用来对包装的物品进行质量检测或者用于对危险品的安全检查。

　　(2) 瞬态性：太赫兹脉冲的典型脉宽在皮秒量级，不但可以方便地对各种材料(包括液体、半导体、超导体、生物样品等)进行时间分辨的研究，而且通过取样测量技术，能够有效地抑制背景辐射噪声的干扰。目前，辐射强度测量的信噪

比可以大于 10^4，远高于傅里叶变换红外光谱技术。

(3) 宽带性：太赫兹脉冲源通常只包含若干个周期的电磁振荡，单个脉冲的频带可以覆盖从吉赫兹至几十太赫兹的范围，可实现在大的频率范围中进行物质的太赫兹吸收光谱的研究。

(4) 相干性：太赫兹波的相干性源于其产生机制。它是由相干电流驱动的偶极子振荡产生的，或是由相干的激光脉冲通过非线性光学差频效应产生的。太赫兹技术的相干测量技术能够直接测量电场振幅和相位，可以方便地提取样品的折射率、吸收系数，与利用 Kramers-Kronig 关系的方法相比，大大减少了计算和不确定性。

(5) 安全性：太赫兹波的光子能量较低，频率为 1THz 的光子对应的能量大约只有 4meV。这个数值约为 X 射线光子能量的 $1/10^6$，因此太赫兹辐射的能量不会对生物组织产生有害的光电离和破坏，非常适合于对生物组织和生物活性物质(如蛋白质、DNA 等)进行检查。由于太赫兹辐射非常安全，所以它不会对人体造成损害，可以应用于旅客安检的人体成像系统。

(6) 光谱的特征吸收：太赫兹波段包含了丰富的光谱信息，大量分子的转动和振动(包括集体振动)的跃迁都发生在太赫兹波段。此外，凝聚态体系的声子吸收很多也位于太赫兹波段，自由电子对太赫兹波也有很强的吸收和散射。可以根据分子在太赫兹波段的特有光谱信息识别出不同的分子，从而实现对不同分子的指纹识别。

太赫兹成像技术与其他波段的成像技术相比，所得到的探测图像的图像分辨率和景深都有明显的增加(超声、红外、X 射线技术也能提高图像分辨率，但是毫米波技术却没有明显的提高)。另外，太赫兹技术还有许多独特的性质，如在非均匀的物质中有较少的散射，能够探测和测量水汽含量等[3]。

1.1.2　太赫兹时域光谱（THz—TDS）

太赫兹时域光谱是太赫兹技术大家庭中最典型的一类光谱技术，它是一种相干探测技术，测试得到的光谱能反映太赫兹脉冲的振幅信息和相位信息。太赫兹时域光谱技术是 20 世纪 80 年代由 Bell 实验室和 IBM 公司 T.J.Watson 研究中心发展起来的，它是利用飞秒激光技术获得宽波段太赫兹脉冲的一种技术。这种脉冲是单周期的电磁辐射脉冲，周期小于 1ps，频谱范围为 0.1GHz～5THz。

典型的太赫兹时域光谱系统主要由飞秒激光器、太赫兹辐射产生装置、太赫兹辐射探测装置和时间延迟控制系统组成[4]。飞秒激光器产生的激光脉冲经过分束镜后被分为两束，一束激光脉冲(泵浦脉冲)经过时间延迟系统后入射到太赫兹辐射源上产生太赫兹辐射，另一束激光脉冲(探测脉冲)和太赫兹脉冲一同入射到太赫兹探测器件上，通过调节探测脉冲和太赫兹脉冲之间的时间延迟可以探测出太赫兹脉冲的整个波形。

如图 1-2 所示，太赫兹时域光谱的光源产生于美国光谱物理公司(Spectral Physics)的自锁模 Maitai 钛-蓝宝石激光器，该激光器的脉宽为 80fs，波长范围为 710～990nm，重复频率为 80MHz，激光器工作时将飞秒脉冲的中心波长设置为 800nm。飞秒激光首先经过分光棱镜 PBS1，得到功率相同相互垂直的两束激光，分别作为两套太赫兹时域光谱系统 Z1 和 Z2 的光源。Z1 和 Z2 是中国石油大学(北京)油气光学探测技术北京市重点实验室常用的两套太赫兹时域光谱仪，它们的光源来自于同一激光器，且工作原理相同，区别在于其光路有所差别，使得 Z2 的样品测试区更大而 Z1 的信号更强，因此，这里以 Z1 为例介绍该时域光谱系统的工作原理。第一束飞秒激光由反射镜 M1、M2 反射后，经过可调中性密度衰减片，衰减后得到平均功率约等于 100mW 的飞秒脉冲。此低功率脉冲激光经过分光棱镜 PBS2 后分成两束光，此处放置沃拉斯顿棱镜，使得这两束光功率不同，一束功率较大，作为泵浦光，另一束功率较小，作为探测光。泵浦光经过 M4 反射，再由透镜 L1 聚焦后入射到偏置电压为 100V 的低温生长砷化镓（GaAs）晶体上，通过光电导天线机制产生电磁脉冲，该脉冲的持续时间在皮秒(ps)量级，频率为太赫兹量级，即太赫兹脉冲。发散的太赫兹脉冲由半球透镜聚焦到抛物面镜 PM1 上并反射到铟钛氧化物晶体(indium titanium oxide)ITO1 上。为便于在实验中确认太赫兹光束的位置，此处设置了 LED 所产生的可见光红光与太赫兹脉冲共线传播，随后被透镜 L2 聚焦到 M9 反射镜，光束经过用于放置样品的焦点位置后，到达透镜 L3，经聚焦后获得太赫兹平行脉冲，经 M10 反射后进入探测器（THz Detector）。将上述的另一束光作为探测光，经过 PBS2 后进入延迟系统(时间延迟系统用来改变太赫兹脉冲与探测脉冲之间的时间延迟，从而探测到太赫兹电场随时间变化的时域光谱)，经 M5、M6、M7、M8 反射和 L4 聚焦，由 M11 反射后达到 ITO2 晶体上。当太赫兹脉冲和探测激光共线经过超球透镜并聚焦到碲化锌（ZnTe）晶体中传播时，太赫兹脉冲电场将改变 ZnTe 的折射率椭球，促使线偏振探测光经过 ZnTe 电光晶体后的偏振态发生变化，偏振态变化的探测脉冲经过 1/4 波片和沃拉斯顿棱镜后，被分成偏振方向相互垂直的 s 偏振和 p 偏振，两束光通过硅材料的差分探测器后，探测到的光强差被转换为电流差，电流差正比于太赫兹脉冲电场[5, 6]。ZnTe 晶体后的蓝宝石晶体（Al_2O_3）被用来延迟太赫兹脉冲经过多次反射后的时间，来减小多次反射对信号噪声的影响。利用锁相探测技术来提高信噪比，锁相及控制器件均集成在控制器（Controller）中。控制器与电脑相连接，可通过电脑来控制控制器，从而进行设备参数的设定、信号的采集和存储。Z2 的太赫兹产生及探测原理与 Z1 系统相同，图中所示的镜片、控制器电脑也均与 Z1 相同，其不同之处在于获得平行的太赫兹脉冲后并未放置透镜获得聚焦光，而是以平行光的形式由 M23 反射，并一直以平行光的形式进入探测器。由于光路与 Z1 不同，Z2 的样品放置区域更大，但也由于其光路变长(测试区域的光程为 1m，而 Z1 的测试区域光程约为 20cm)，其信号比 Z1 小，信噪比更小，光谱分辨率也更低。因此，Z1 和 Z2 各有优点，Z1 适合于测试体积不大的固体、液体样本，Z2 适合测试体积较大的、需要使用特制样品池的固、液样本或气体样本。

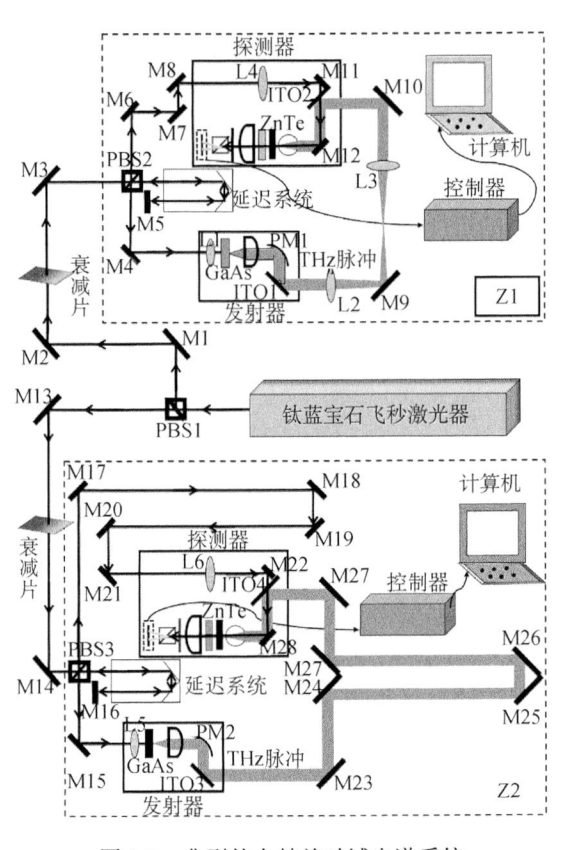

图 1-2 典型的太赫兹时域光谱系统

为帮助读者更好地了解和掌握太赫兹光谱分析技术，本书在介绍光谱分析技术时列举了大量的分析实例，这些例子中样本的太赫兹时域光谱多由 Z1 和 Z2

测得，其中固体和液体的时域光谱主要由 Z1 测得，气体的时域光谱由 Z2 测得。由图 1-3 可知，在有效频段内空气的频域幅值在多个频率处出现极小值，说明该频率处的水蒸气对太赫兹波具有特征吸收，即水蒸气在太赫兹波段的吸收特性可被所述系统灵敏地探测到。同时，为了进一步分析太赫兹光谱仪的分辨能力，随机提取了两个特征频率(Z1 为 1.414THz；Z2 为 1.166THz)处的半高宽(full width at half maximum，FWHM)，并将半高宽与对应的扫描范围对应起来。图 1-4 为 Z1、Z2 系统中空气频域半高宽随扫描范围的变化关系，由图可以看出，Z1 的光谱分辨率可达 6GHz 以下，Z2 的光谱分辨率可达 8GHz 以下，很好地满足样本太赫兹时域光谱测试的要求。

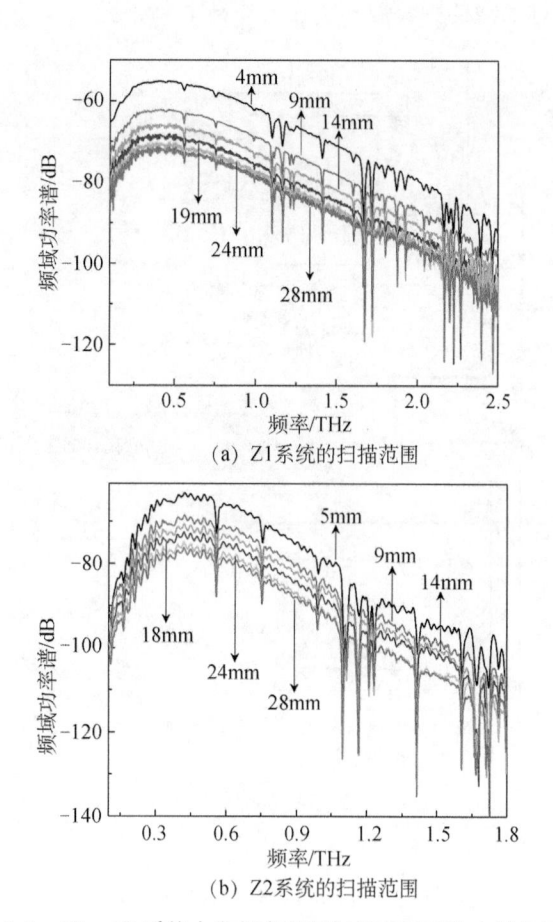

(a) Z1系统的扫描范围

(b) Z2系统的扫描范围

图 1-3　Z1、Z2 系统中空气在不同扫描范围下的太赫兹频域谱

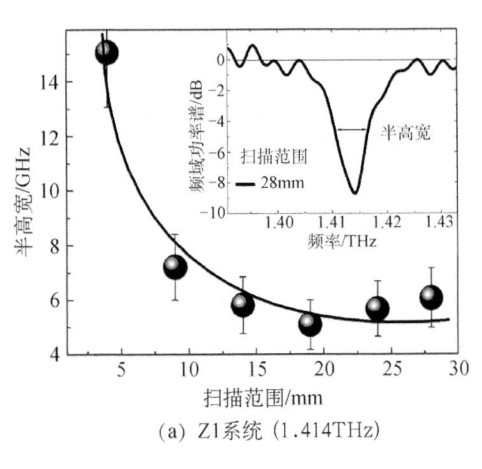

(a) Z1系统 (1.414THz)

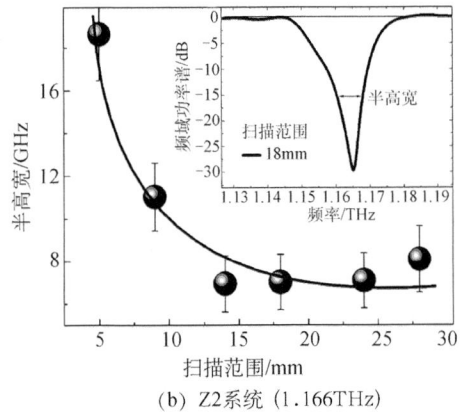

(b) Z2系统 (1.166THz)

图 1-4 Z1、Z2 系统中空气频域半高宽随扫描范围的变化关系

1.1.3 傅里叶变换红外光谱（3～10THz）

利用太赫兹时域光谱和傅里叶变换红外光谱（FTIR）均可获得样品在太赫兹频段内的光学参数谱，根据两者在辐射、探测器、信噪比、带宽、稳定性和应用等方面的对比情况，得出了如下结论：在信噪比方面，THz-TDS 在低于 3THz 时占有优势，而 FTIR 在 3～10THz 频段内更具有优势[7]。样品可能在太赫兹低频段内具有较多吸收特征，亦可能在太赫兹高频段内具有更多特征。

如图 1-5 所示，典型的傅里叶变换红外光谱仪主要由光源、干涉仪、样品腔、探测器、电源控制腔组成。该仪器的光源为碳硅棒，可发出稳定能量强、发射强度高的连续波长的红外光，红外光经过凹面反射镜 CM1 和 CM2 后变为平行光，然后进入迈克耳孙(Michelson)干涉仪，经相干干涉后变为干涉光，入射到可摆动的反射镜 M1，再经凹面反射镜 CM3 反射后以聚焦光的形式进入样品腔，聚焦光

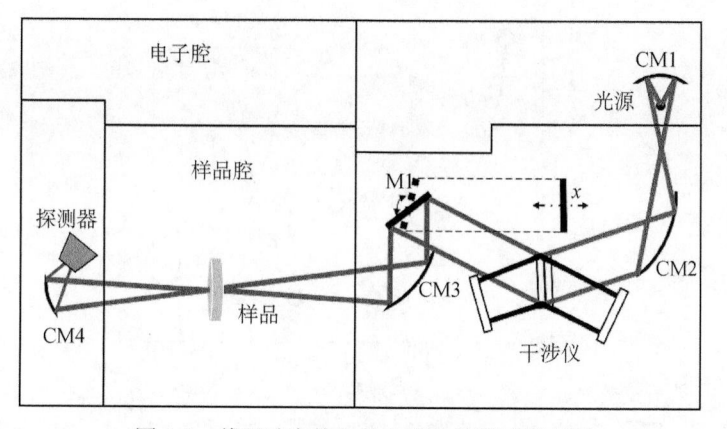

图 1-5　傅里叶变换红外光谱仪的测试原理图

的焦点在样品腔的中心，在此固定样品架，即测试样品始终处于太赫兹波的焦点位置。透过样品的太赫兹波经 **CM4** 反射后进入探测器，再将信号数据传输至电脑。上述傅里叶变换红外光谱仪具有全铸铝光学底座和全真空型光学平台，一方面稳定了光路，保持了仪器的稳定性，另一方面消除了空气中水蒸气对太赫兹波的吸收，灵敏度得到提高。此外，光谱仪的波谱范围广，可覆盖太赫兹全波段和远红外部分频率。

1.1.4　太赫兹光学参数获取

太赫兹时域光谱系统对样本进行测试时，读取和保存的信号为样本的太赫兹时域谱数据。对太赫兹时域谱作快速傅里叶变换，得到太赫兹脉冲随频率变化的波形，即太赫兹频域幅值谱。以 $E_{ref}(\omega)$ 和 $E_{sam}(\omega)$ 分别代表参考和样品的频域谱数据，则被测样本的吸光度谱可由下式计算：

$$A(\omega) = -\lg\left[E_{sam}(\omega) / E_{ref}(\omega)\right] \tag{1-1}$$

此外，对于无样品池的片状样本，根据 Dorney 和 Duvillaret 提出的太赫兹时域光谱技术提取光学常数的模型，可计算得到基于太赫兹频率的吸收系数和折射率谱。样品的折射率 $n(\omega)$ 和吸收系数 $\alpha(\omega)$ 分别由式(1-2)和式(1-3)计算：

$$n(\omega) = \varphi(\omega)\frac{c}{\omega d} + 1 \tag{1-2}$$

$$\alpha(\omega) = \frac{2\kappa(\omega)\omega}{c} = \frac{2}{d}\ln\left[\frac{4n(\omega)}{\rho(\omega)(n(\omega)+1)^2}\right] \tag{1-3}$$

式中，d 为样品厚度；c 为真空中光速；$\varphi(\omega)$ 为样品信号与参考信号比值的相位；$\rho(\omega)$ 为样品信号与参考信号比值的模[8, 9]。

傅里叶变换红外光谱可测得参考和样本在有效频段内的频域谱,根据式(1-1)可计算吸光度谱,由于多数傅里叶变换红外光谱仪在扫描软件中已将式(1-1)编入控制程序中,吸光度换算过程在扫描结束时即可完成。因此,多数傅里叶变换红外光谱仪可直接输出样品的吸光度谱,无需专门提取光学参数谱。

1.2 MATLAB 编程简介

本书所介绍的太赫兹光谱分析技术,在数据运算和实际操作时主要采用 MATLAB 软件实现。因此,本节将简要介绍与太赫兹光谱分析技术相关的 MATLAB 编程的基础知识。

1.2.1 MATLAB 简介

1. MATLAB 概述

MATLAB 全称 Matrix Laboratory,诞生于 20 世纪 70 年代,由 Cleve Moler 博士和他的同事编写。当时,他们利用 Fortran 开发了两个子程序库——EISPACK 和 LINPACK,这两个子程序库是求解线性方程的程序库,不过,Cleve Moler 博士发现在使用这两个程序时存在困难,主要问题是因为接口程序不好写,很花费时间。于是 Cleve Moler 博士自己动手,在业余时间里编写了 EISPACK 和 LINPACK 的接口程序。Cleve Moler 博士将这个接口程序取名为 MATLAB,意为矩阵(matrix)及实验室(laboratory)的组合。以后几年,MATLAB 作为免费软件在大学里被广泛使用,深受学生的喜爱。

1984 年,Cleve Moler 和 John Little 成立了 Math Works 公司,正式把 MATLAB 软件推向市场,并继续推进 MATLAB 的开发。Math Works 公司 1993 年推出 MATLAB 4.0,1995 年推出 MATLAB 4.2C 版,1997 年推出 MATLAB 5.0,2000 年发布 MATLAB 6.0,2006 年发布 MATLAB 2006b,2007 年发布 MATLAB R2007,至今已推出 MATLAB R2016a。每一个新的版本的出现都使 MATLAB 有了长足的进步,界面越来越友好,内容越来越丰富,功能越来越强大,帮助系统越来越完善。

MATLAB 是一个高性能的科学计算平台,集成了数值计算、矩阵计算和图形绘制等众多功能。MATLAB 擅长数值计算,能处理大量的数据,效率较高。同时,在此基础上,Math Works 公司加强了 MATLAB 的符号计算、文字处理、可视化建模和实时控制能力，增强了 MATLAB 的市场竞争力，使 MATLAB 成为市场主流的数值计算软件[10]。

MATLAB 发展至今，其产品组已被证明可应用于下述领域。

(1)数据分析。

(2)数值和符号计算。

(3)工程和科学绘图。

(4)控制系统设计。

(5)数字图像信号处理。

(6)财务工作。

(7)建模、仿真、原型开发。

(8)图形用户界面设计。

MATLAB 产品族被广泛用于信号与图像处理、控制系统设计、系统仿真等领域，开放式的结构使 MATLAB 产品族很容易针对特定的需要进行扩充，从而在不断深化问题的认识的同时，提高自身竞争力。

MATLAB 的核心是一个基于矩阵运算的快速解释程序，它交互式地接收用户输入的各项命令，输出计算结果。MATLAB 提供了一个开放式的集成环境，用户可以运行系统提供的大量命令，包括数值计算、图形绘制和代码编制等。MATALB 具有以下功能：①数据可视化功能；②矩阵运算功能；③大量的工具箱；④绘图功能；⑤GUI 设计；⑥Simulink 仿真。

通过运用 MATLAB 的部分功能，科研工作者可以针对太赫兹光谱数据矩阵在高效的平台下完成分析工作。

2. MATLAB 语言特点

MATLAB 语言有不同于其他高级语言的特点，被称为第四代计算机语言，如同第三代计算机语言(如FORTRAN 语言和 C 语言)使人们摆脱了对计算机硬件的依赖一样，MATLAB 语言使人们从繁琐的程序代码中解放了出来，它丰富的函数库使开发者省去了大量的重复编程。MATLAB 语言的最大特点就是简单、快速，具体来讲，其具有以下特点。

1)编程效率高

MATLAB 是一种面向科学与工程计算的高级语言，允许用数学形式的语言来编写程序，比 BASIC、FORTRAN 和 C 语言更接近数学计算公式的思维方式，用 MATLAB 编写程序犹如在演算纸上排列出公式和求解问题一样。因此，

MATLAB 语言也可以通俗地称为"演算纸"式科学算法语言。正是由于它编写简单，所以编程效率高，易学易懂。

2) 用户使用方便

通常，人们使用任一种语言编写程序和调试程序都要经过 4 个步骤：编辑、编译、连接以及执行和调试。各个步骤是顺序关系，编程的过程就是它们之间的循环操作。而 MATLAB 软件把编辑、编译、连接和执行融为一体，能在同一界面上进行灵活操作，快速排除输入程序中的书写错误、语法错误甚至语义错误，从而加快了开发者编写、修改和调试程序的速度，可以说，在编写和调试过程中它是一种十分简单的语言。具体而言，在 MATLAB 运行时，如果直接在命令行输入 MATLAB 语句(命令)，包括调用 M 文件的语句，每输入一条语句，就会立即对其进行处理，完成编译、连接和运行的全过程。又如，将 MATLAB 源程序编辑为 M 文件时，由于 MATLAB 磁盘文件也是 M 文件，所以编辑后的源文件可直接运行，而不需要进行编译和连接，直到正确为止。所以，MATLAB 语言不仅是一种语言，更可以称为一种语言开发系统、语言调试系统。

3) 扩充能力强，交互性好

高版本的 MATLAB 语言拥有丰富的库函数，在进行复杂的数学运算时可以直接调用，而且 MATLAB 的库函数同用户文件在形成上一样，所以用户文件也可以作为 MATLAB 的库函数调用。因而，开发者可以根据自己的的需要，方便地建立和扩充新的库函数，以便提高 MATLAB 的使用效率和扩充它的功能。另外，为了充分利用 FORTRAN、C 语言等的资源，包括开发者已经编辑好的 FORTRAN、C 语言等程序，可以通过 Me 文件的形式进行混合编程，方便地调用有关的子程序；还可以在 C 语言和 FORTRAN 语言中方便地使用 MATLAB 的数值计算功能。这些良好的交互性使程序员可以使用以前编写过的程序，减少重复性工作，也使编写的程序具有可重复利用的价值。

4) 移植性和开放性好

MATLAB 是用 C 语言编写的，而 C 语言的可移植性很好，因此，MATLAB 可以很方便地移植到能运行 C 语言的操作平台上。除了内部函数外，MATLAB 所有的核心文件和工具箱文件都是公开的，都是可读可写的源文件，用户可以通过源文件的修改，自己编程构成新的工具箱。

5) 语句简单，内涵丰富

MATLAB 语言中最基本最重要的成分是函数，其一般形式为 $[a,\ b,\ c,\ \cdots]=$

fun(d, e, f, …)，即一个函数由函数名、输入变量和输出变量组成。同一函数名、不同数目的输入变量(包括无输入变量)及不同数目的输出变量，代表着不同的含义。这不仅使 MATLAB 的库函数功能更丰富，而且极大地减小了所需的磁盘空间，使得用 MATLAB 编写的 M 文件简单、短小而高效。

6)高效方便的矩阵和数组运算

MATLAB 语言像 BASIC、FORTRAN 和 C 语言一样规定了矩阵的算术运算符、关系运算符、逻辑运算符、条件运算符及赋值运算符，且这些运算符大部分可以原封不动地照搬到数组间的运算中，如算术运算符，只要增加"."就可以用于数组间的运算。另外，他不需要定义数组的维数，只需给出矩阵函数、特殊矩阵专门的库函数，使之在求解诸如信号处理、建模、系统识别、控制、优化等领域的问题时显得更加简捷、高效，这是其他高级语言所不能比拟的。在此基础上，高版本的 MATLAB 已逐步扩展到科学与工程计算的其他领域。

7)方便的绘图功能

MATLAB 的绘图功能是十分方便的，它有一系列绘图函数(命令)，如线性坐标、对数坐标、半对数坐标及极坐标，使用时均只需调用不同的绘图函数(命令)，在图上标出图题、XY 轴标注，格(栅)绘制也只需调用相应的命令，简单易行。另外，在调用绘图函数时可以通过调整自变量绘出不变颜色的点、线、复线或多重性。这种为科学研究者着想的设计是其他通用的编程语言所不及的。

以上就是 MATLAB 语言在使用时的显著特点，本书利用 MATLAB 进行太赫兹光谱分析方法的编程和运行也都体现了上述所有特点，相信读者在使用时会逐步体会到。

3. MATLAB 集成环境

MATLAB 既是一种语言又是一种编程环境，在这一环境中，系统提供了许多编写、调试和执行 MATLAB 程序的便利工具。

1)工作界面

用户完成 MATLAB R2010a 的安装与激活后，即可启动软件。启动软件有如下 3 种方法。

(1)在系统桌面单击【开始】菜单中所有程序子菜单下的【MATLAB R2010a】选项，即可打开如图 1-6 所示的 MATLAB 工作界面。

(2)双击桌面上的 MATLAB 快捷图标，打开如图 1-6 所示的 MATLAB 工作

图1-6 MATLAB的工作界面

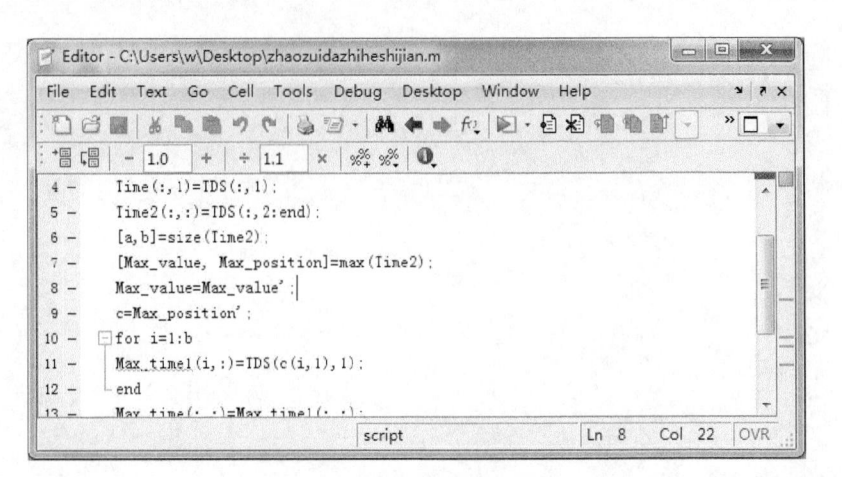

图 1-7　MATLAB 程序编辑窗口

界面。

（3）找到安装 MATLAB 的文件夹，双击 MATLAB 图标，即可打开如图 1-6 所示的 MATLAB 工作界面。

2）程序编辑窗口

MATLAB 默认的工作界面中包含了程序编辑窗口，位置处在命令窗口的上方。用户可通过布局设置随意设定页面布局，将程序编辑窗口与主界面分离。通过单击【File】菜单下中【New】子菜单下的【M-script】选项，弹出程序编辑窗口，即可编程，如图 1-7 所示。

MATLAB 的注释及 Scirpt 文件介绍如下。

（1）注释与标点。命令行"%"符号后的所有文字均为注释，计算机不会执行。多条命令可以放在同一行，但要用逗号或分号隔开。命令后的逗号表示显示结果，分号则表示禁止显示结果。符号"…"表示语句的下部分将出现在下一行，但它不能出现在变量名或运算符之间。

（2）Scirpt 文件。将 MATLAB 命令放在一个文件中，然后使用 MATLAB 打开文件并顺序执行其中的命令，这个文件被称为 Script 文件，它可单击【File】菜单中【New】子菜单下的【M-file】选项创建。Script 具有全局性，文件的所有变量在整个工作环境中有效。同时，Script 文件可直接在编辑或工作窗口中执行，也可被其他*.m 文件和函数调用。在工作窗口直接输入 Script 文件名便可运行，而在编辑窗口中运行 Script 文件需选择【Debug】菜单下的【Save File and Run】命令，然后切换到工作窗口观察运行结果。

3) 命令窗口

命令窗口(command window) 是 MATLAB 主界面上最明显的窗口，也是 MATLAB 最重要的窗口。用户在命令窗口进行 MATLAB 的众多操作，如输入各种指令、函数和表达式等，命令窗口显示除图形外的一切运行结果。

MATLAB 命令窗口不仅可以内嵌在 MATLAB 的工作界面，而且还可以以独立窗口的形式浮动在界面上。命令窗口具有两大主要功能。

(1)提供用户输入命令的操作平台，用户通过该窗口输入命令和数据。

(2)提供命令执行结果的显示平台，该窗口显示命令执行的结果。

在命令窗口内执行的 MATLAB 主要操作有如下几个方面。

(1)运行函数和输入变量。

(2)控制输入输出。

(3)执行程序，包括*.m 文件和外部程序。

(4)保存一段日志。

(5)打开或关闭其他应用窗口。

(6) 各应用窗口的参数选择。

使用方向键和控制键可以编辑、修改已输入的命令，按<↑>键调回上一行命令，按<↓>键调回下一行命令。使用 more off 表示不允许分页，more on 表示允许分页，more(n)表示制定每页输出的行数。按<Enter>键前进一行，按空格键显示下一页，按<Q>键结束当前显示。

MATLAB 提供了一组可以在命令窗口输入的命令，以执行相应的操作，常用的命令及功能见表 1-1。

表 1-1　命令窗口中常用的命令及功能

命令	功能
cls	擦去一页命令窗口，光标回屏幕左上角
clear	清除工作空间中所有的变量
clear all	从工作空间清除所有变量和函数
clear 变量名	清除指定的变量
clf	清除图形窗口内容
delete<文件名>	从磁盘中删除指定的文件
help<命令名>	查询所列命令的帮助信息
which<文件名>	查找指定文件的路径
who	显示当前工作空间中所有变量的一个简单列表
whos	列出变量的大小、数据格式等详细信息
what	列出当前目录下的.m 文件和.mat 文件

续表

命令	功能
load name	下载 name 文件中的所有变量到工作空间
load name x y	下载 name 文件中的变量 x, y 到工作空间
save name	保存工作空间变量到文件 name.mat 中
save name x y	保存工作空间变量 x, y 到文件 name.mat 中
pack	整理工作空间内存
size(变量名)	显示当前工作空间中变量的尺寸
length(变量名)	显示当前工作空间中变量的长度
<↑>或<Ctrl+P>	调用上一行的命令
<↓>或<Ctrl+N>	调用下一行的命令
<←>或<Ctrl+B>	退后一格
<→>或<Ctrl+F>	前移一个
< Ctrl+←>	向左移一个单词
< Ctrl+→>	向右移一个单词
<home>或<Ctrl+A>	光标移动到行首
<end>或<Ctrl+E>	光标移动到行尾
<esc>或<Ctrl+U>	清除一行
<del>或<Ctrl+D>	清除光标后字符
<backspace>或<Ctrl+H>	清除光标前字符
<Ctrl+K>	清除光标至行尾字
<Ctrl+C>	中断程序运行

1.2.2 变量、常量及常用函数

1. 变量

变量是数值计算的基本单元。与 C 语言等其他高级语言不同，MATLAB 语言中的变量无须事先定义，一个变量以其名称在语句命令中第一次合法出现而定义，运算表达式变量中不允许有未定义的变量；MALTAB 也不需要事先定义变量的类型，它会自动生成变量，并根据变量的操作确定其类型。

MATLAB 中定义变量所用定量名必须以英文字母打头，可用字符包括英文字母、数字和下划线，变量名区分大小写，X 与 x 表示的是不同的变量。例如，X_1 和 x_1 均为合法的变量，且表示不同的变量。

变量的赋值可以采用直接赋值和表达式赋值，例如：

```
>>x=0   %直接赋值
x=
     0
>>y=3+6-sqrt(4)    %表达式赋值
y=
     7
```

MATLAB 中的缺省变量名为 ans，它是 answer 的缩写。如果用户未指定变量名，MATLAB 将用 ans 作为变量名来存储计算结果，例如：

```
>>(1245+23-1345/5)/81^0.5    %加、减、乘、除、乘方运算
ans=
   111
```

在变量名缺省的情况下，计算结果被赋值给变量 ans。

值得注意的是，MATLAB 系统中有 20 个关键字，在命令窗口中输入 iskeyword，可得到 20 个关键字列表如下：

```
>>iskeyword
ans=
    'break'
    'case'
    'catch'
    'classdef'
    'continue'
    'else'
    'elseif'
    'end'
    'for'
    'function'
    'global'
    'if'
    'otherwise'
    'parfor'
    'persistent'
    'return'
    'spmd'
    'switch'
    'try'
    'while'
```

以上关键字在命令窗口中以蓝色显示，如果用户把这些关键字作为变量名，MATLAB 将会发生错误信息，因此，用户在编程时应避免使用上述名称作为变量。但是，MATLAB 的变量是区分大小写的，所以如果把改变这些关键字的某一个或某几个字母大小写，那么改变大小写后的关键字还可以作为变量使用。

2. 常量

常量是指那些 MATLAB 已经预先定义数值的变量，默认常量见表 1-2。

表 1-2　MATLAB 默认常量

名称	说明
pi	圆周率 π
eps	浮点相对精度
exp	自然对数的底数 e
inf(或 INF)	无穷大
NaN(或 nan)	代表不定值
realmax	最大的正实数
realmin	最小的正实数
i(或 j)	虚数单位，定义为 $\sqrt{-1}$
nargin	函数实际输入参数个数
nargout	函数实际输出参数个数
ANS(或 ans)	默认变量名，以应答最近一次操作运算结果
lasterr	存放最新的错误信息
lastwarm	存放最新的警告信息

3. 常用函数

MATLAB 具有强大的计算功能，提供了大量的函数，如基本数学函数、向量操作函数、三角函数、微积分函数等。由于本书中经常用到基本数学函数和向量操作函数，因此，这里将对这两种操作函数作详细介绍。

1) 数学函数

常用的数学函数及其含义见表 1-3。

表 1-3　常用的数学函数

函数名	含义
abs(x)	常量的绝对值或向量的长度
angle(z)	复数 z 的相角 (phase angle)

函数名	含义
sqrt(x)	开平方
real(z)	复数 z 的实部
imag(z)	复数 z 的虚部
conj(z)	复数 z 的共轭复数
round(x)	四舍五入至最近整数
fix(x)	无论正、负，舍去小数至最近整数
floor(x)	下取整，即舍去正小数至最近整数
ceil(x)	上取整，即加入正小数至最近整数
rat(x)	将实数 x 化为分数表示
rats(x)	将实数 x 化为多项式分数展开
sign(x)	符号函数，当 x<0 时，sign(x)=-1；当 x=0 时，sign(x)=0；当 x>0 时，sign(x)=1
rem(x, y)	求 x 除以 y 的余数
gcd(x, y)	整数 x 和 y 的最大公因数
lcm(x, y)	整数 x 和 y 的最小公因数
log10(x)	以 10 为底的对数
log2(x)	以 2 为底的对数
exp(x)	自然指数
pow2(x)	2 的指数

2) 向量操作函数

MATLAB 在进行数据分析时，如果输入的是向量，运算是对整个向量进行的；如果输入的是数组(矩阵)，则按运算列进行。利用 MATLAB 可进行数据的基本统计计算，运算时如果调用格式中有 dim，则运算按指定维数进行。MATLAB 提供了许多函数，实现向量的基本操作，如表 1-4 所示。

表 1-4 常用的向量运算函数

函数	说明
max(x)	求最大元素
min(x)	求最小元素
mean(x)	求平均值
median(x)	求中位值
std(x)	求标准差，flag 指明标准差的不同计算方式
sort(x)	对向量 x 的元素进行排序

续表

函数	说明
length (x)	向量 x 的元素个数
norm (x)	向量 x 的欧氏长度
sum (x)	求向量 x 的和
prod (x)	向量 x 的元素总乘积
cumsum (x)	向量 x 的累计元素总和
comprod (x)	向量 x 的累计元素总乘积
dot (x, y)	向量 x 和 y 的内积
cross (x, y)	向量 x 和 y 的外积
corrcoef (x)	随机变量的协方差

1.2.3 数组运算

MATLAB 中，基本的运算单元是数组，本节将介绍数组的运算。矩阵作为 2 维数组，有极广泛的应用，本节将对其作详细介绍。

1. 矩阵定义及特殊矩阵

MATLAB 中定义一个矩阵，通常可以直接按行方式输入每个元素，同一行中的元素用英文输入下的逗号或者空格符来分隔，且空格个数不限，不同行之间用英文输入下的分号分隔，且所有元素处于同一方括号 "[ ]" 内。除了按行方式输入之外，也可以通过提取、拼凑和变形来定义新的矩阵，也可以通过特殊函数定义新的矩阵。这里举几个例子，供读者参考。

【例 1.1】 按行方式输入矩阵元素。

```
>>x=[2 6 5 4;6 8 4 8;9 5 6 4;5 7 6 9]
x=
    2    6    5    4
    6    8    4    8
    9    5    6    4
    5    7    6    9
```

【例 1.2】 定义空矩阵(没有输入的矩阵)。

```
>>x=[ ]
x=
    [ ]
```

【例 1.3】　通过冒号运算符构造向量和矩阵。

```
>>x=5：3：20
x=
     5     8    11    14    17    20
```

【例 1.4】　通过拼凑和变形来定义新的矩阵。

```
>>x=[5 9 2 5];
>>y=[6 3 6 4];
>>z=[x,y]
z=
     5     9     2     5
     6     3     6     4
>>a=[x,y]
a=
     5     9     2     5     6     3     6     4
```

此外，MATLAB 中还提供了几个生成特殊矩阵的函数，具体调用格式见表 1-5。

表 1-5　MATLAB 特殊矩阵函数、格式及说明

函数名	调用格式	说明
zeros	B=zeros(n)	生成 $n \times n$ 零矩阵
	B=zeros(m, n)	生成 $m \times n$ 零矩阵
	B=zeros([m, n])	生成 $m \times n$ 零矩阵
	B=zeros(m, n, p, …)	生成 $m \times n \times p \times$…零矩阵
	B=zeros([m, n, p, …])	生成 $m \times n \times p \times$…零矩阵
	B=zeros(size(A))	生成与矩阵 A 相同大小的零矩阵
ones	Y=ones(n)	生成 $n \times n$ 的 1 矩阵
	Y=ones(m, n)	生成 $m \times n$ 的 1 矩阵
	Y=ones([m, n])	生成 $m \times n$ 的 1 矩阵
	Y=ones(m, n, p, …)	生成 $m \times n \times p \times$…的 1 矩阵
	Y=ones([m, n, p, …])	生成 $m \times n \times p \times$…的 1 矩阵
	Y=ones(size(A))	生成与矩阵 A 相同大小的 1 矩阵
eye	Y=eye(n)	生成 $n \times n$ 单位矩阵
	Y=eye(m, n)	生成 $m \times n$ 单位矩阵
	Y=eye([m, n])	生成 $m \times n$ 单位矩阵
	Y=eye(size(A))	生成与矩阵 A 相同大小的单位矩阵

函数名	调用格式	说明
diag	$X=\mathrm{diag}(v, k)$	以向量 v 为第 k 个对角线生成对角矩阵
	$X=\mathrm{diag}(v)$	以向量 v 为主对角线元素生成对角矩阵
	$v=\mathrm{diag}(X, k)$	返回矩阵 X 的第 k 条对角线上的元素
	$v=\mathrm{diag}(X)$	返回矩阵 X 的主对角线上的元素
rand	$Y=\mathrm{rand}$	生成一个均匀分布随机数
	$Y=\mathrm{rand}(n)$	生成 $n\times n$ 随机矩阵
rand	$Y=\mathrm{rand}(m, n)$	生成 $m\times n$ 随机矩阵
	$Y=\mathrm{rand}([m, n])$	生成 $m\times n$ 随机矩阵
	$Y=\mathrm{rand}(m, n, p, \cdots)$	生成 $m\times n\times p\times\cdots$ 随机矩阵
	$Y=\mathrm{rand}([m, n, p, \cdots])$	生成 $m\times n\times p\times\cdots$ 随机矩阵
	$Y=\mathrm{rand}(\mathrm{size}(A))$	生成与矩阵 A 相同大小的随机矩阵
magic	$M=\mathrm{magic}(n)$	生成 $n\times n$ 魔方矩阵

2. 矩阵的运算

1）矩阵的算术运算

（1）矩阵的加减。

对于同型矩阵（行、列数均相同），可以通过运算符"+"和"−"直接进行加减运算。

【例1.5】 矩阵的加减运算

```
>>a=[2 6 8;5 6 7];
>>b=[3 6 2;5 3 5];
>>a+bans=
    5    12    10
   10     9    12
>>a-b
ans=
   -1     0     6
    0     3     2
```

（2）矩阵的乘法。

矩阵的乘法有直接相乘（$A_{p\times q}*B_{q\times s}$）和点乘（$A_{p\times q}.*B_{p\times q}$）两种，前者要求前面矩阵的列数等于后面矩阵的行数，否则运行错误，而后者表示的是两个同型矩阵的对应元素相乘，所得结果还是同型矩阵。

【例 1.6】 矩阵乘法

```
>>a=[2 5;6 5;4 7];
>>b=[5 6 9;3 6 4];
>>c=a*b
c=
    25    42    38
    45    66    74
    41    66    64
>>d=[3 5;2 6;5 3];
>>e=a.*d
e=
     6    25
    12    30
    20    21
```

（3）矩阵的除法。

矩阵的除法包括左除($A \backslash B$)、右除(A / B)和点除($A. / B$)三种。一般情况下，$x = A \backslash B$ 是方程组 $A * x = B$ 的解，而 $x = B / A$ 是方程组 $x * A = B$ 的解，$x = A. / B$ 表示同型矩阵 A 和 B 对应元素相除。

【例 1.7】 矩阵除法

```
>>a=[3 6 8;1 9 -5;2 5 8];
>>b=[2;6;-3];
>>c=a\b
c=
     5.7215
    -0.7215
    -1.3544
>>d=[2 6 3;5 4 3;3 5 4];
>>e=a./d
e=
    1.5000    1.0000    2.6667
    0.2000    2.2500   -1.6667
    0.6667    1.0000    2.0000
```

（4）矩阵的乘方($\wedge$)与点乘方($.\wedge$)。

矩阵的乘方要求矩阵必须是方阵，即矩阵的行数等于列数，有以下 3 种情况：①矩阵 A 为方阵，x 为正整数，$A^\wedge x$ 表示矩阵 A 自乘 x 次；②矩阵 A 为方阵，x

为负整数，$A{^}x$ 表示矩阵 A^{-1} 自乘 x 次；③矩阵 A 为方阵，x 为分数，例如 $x=m/n$，$A{^}x$ 表示矩阵 A 先自乘 m 次，然后对结果矩阵开 n 次方。

矩阵的点乘方不要求矩阵为方阵，有以下两种情况：①A 为矩阵，x 为标量，$A.{^}x$ 表示对矩阵 A 中的每一个元素求 x 次方；②A 和 x 为同型矩阵，x 为标量，$A.{^}x$ 表示对矩阵 A 中的每一个元素求 x 中对应元素次方。

【例 1.8】 矩阵乘方与点乘方。

```
>>a=[9 4;25 16];
>>b=a^2
b=
   181   100
   625   356
>>c=a^-2
c=
   0.1839   -0.0517
  -0.3228    0.0935
>>d=a.^2
d=
    81    16
   625   256
>>e=a.^0.5
e=
    3     2
    5     4
>>f=[1 2;2 3];
>>g=a.^f
g=
      9         16
    625       4096
```

2)矩阵的逻辑运算

矩阵的常用逻辑运算如下。

(1)逻辑"或"运算，运算符为"|"。$A|B$ 表示同型矩阵 A 和 B 的或运算，若 A 和 B 的对应元素至少有一个非 0，则相应的结果元素值为 1，否则为 0。

(2)逻辑"与"运算，运算符为"&"。$A\&B$ 表示同型矩阵 A 和 B 的与运算，若 A 和 B 的对应元素均非 0，则相应的结果元素值为 1，否则为 0。

(3)逻辑"非"运算，运算符为"～"。～*A* 表示矩阵 *A* 的非运算，若 *A* 的元素均非 0，则相应的结果元素值为 1，否则为 0。

3)矩阵的其他常用运算

（1）矩阵的转置。

矩阵的转置在太赫兹光谱分析过程中常被用到。MATLAB 中 *A*′表示矩阵 *A* 的转置矩阵。

【例 1.9】 矩阵的转置。

```
>>a=[5 6 3 2;7 2 3 8;7 5 9 4]
a=
    5    6    3    2
    7    2    3    8
    7    5    9    4
>>a'
ans=
    5    7    7
    6    2    5
    3    3    9
    2    8    4
```

（2）逆矩阵。

利用 inv 函数可以求方阵 *A* 的逆矩阵 A^{-1}。

【例 1.10】 逆矩阵求解。

```
>>a=[5 6 3 2;7 2 3 8;7 5 9 4;5 8 2 4]
a=
    5    6    3    2
    7    2    3    8
    7    5    9    4
    5    8    2    4
>>b=inv(a)
b=
    0.7189    0.1423   -0.1851   -0.4591
   -0.1352   -0.0961    0.0249    0.2349
   -0.2633   -0.0819    0.2064    0.0890
   -0.4964    0.0552    0.0783    0.3096
```

（3）方阵的特征值和特征向量。

MATLAB 中 eig 函数用于求解方阵的特征值和特征向量，其调用格式如下。

① d=eig(A)，求方阵 *A* 的特征值。

② d=eig(A, B)，求方阵 *A*，*B* 的广义特征值。

③ [V, D]=eig(A)，求方阵 *A* 的特征值矩阵 *D* 与特征向量矩阵 *V*，满足 *AV=VD*。

④ [V, D]=eig(A, 'nobalance')，若矩阵 *A* 中有较小元素，其值接近舍入误差时，'nobalance'参数可使结果更精确。

⑤ [V, D]=eig(A,B)，求广义特征值矩阵 *D* 与广义特征值向量矩阵 *V*，满足 *AV=BVD*。

⑥ [V, D]=eig(A,B,flag)用给定算法求广义特征值矩阵 *D* 与广义特征向量矩阵 *V*，flag 参数用来指定算法，其值可为'chol'和'qz'.

（4）矩阵的迹和矩阵的秩。

MATLAB 中的 trace 函数和 rank 函数分别用于求解矩阵的迹和矩阵的秩。

【例 1.11】 矩阵的迹和矩阵的秩。

```
>>a=[5 6 3 2;7 2 3 8;7 5 9 4;5 8 4 2];
>>b=trace(a)
b=
    18
>>c=rank(a)
c=
    4
```

3. 定义元胞数组及结构体数组

1）元胞数组

定义元胞数组可以将不同类型、不同大小的数组放在同一个数组里(即元胞数组)，MATLAB 中一般采用 cell 函数来定义元胞数组，其调用格式如下。

c=cell(n)，用于生成一个 $n \times n$ 的空元胞数组。

c=cell(m,n)，用于生成一个 $m \times n$ 的空元胞数组。

c=cell([m,n])，用于生成一个 $m \times n$ 的空元胞数组。

c=cell(m,n,p,…)，用于生成一个 $m \times n \times p \times \cdots$ 的空元胞数组。

c=cell([m,n,p,…])，用于生成一个 $m \times n \times p \times \cdots$ 的空元胞数组。

c=cell[size(A)]，用于生成一个与矩阵 *A* 相同大小的空元胞数组。

若访问元胞数组 *C* 第 *i* 行第 *j* 列的元胞，用命令 C(i,j)，使用圆括号。若

访问元胞数组 C 第 i 行第 j 列的元胞里的元素，用命令 C{i，j}，使用花括号。
celldisp 函数可以显示元胞数组里的内容。

【例 1.12】 显示元胞数组内容。

```
>>a={[2 5 6;3 6 4],[2 6;5 8];'Terahertz','MATLAB'}
a=
  [2x3 double][2x2 double]
   'Terahertz'    'MATLAB'
>>celldisp(a)
 a{1,1}=
     2     5     6
     3     6     4
a{2,1}=
Terahertz
a{1,2}=
     2     6
     5     8
a{2,2}=
MATLAB
```

2）结构数组

结构体变量是具有指定字段、每一字段有相应取值的变量。MATLAB 一般利用 struct 函数来定义，其调用格式如下：

```
s=struct('field1',value1, 'field2',value2,…)
s=struct('field1',{},'field2', {},…)
```

调用格式中 field 为字段名，value 为字段取值。

【例 1.13】 struct 函数定义结构体数组。

```
>>a=struct('THz1',25,'THz2',65,'THz3',45)
a=
    THz1：25
    THz2：65
    THz3：45
>>b=struct('THz1',{'s1','s2'},'THz2',{36,25})
b=
1x2 struct array with fields:
    THz1
    THz2
```

1.2.4 循环结构

太赫兹光谱分析往往涉及多个研究对象和多个频率的光谱数据，数据量较大，在 MATLAB 编程时常利用循环结构进行分析。这里将对几种常见的循环结构进行一一介绍。

1. for 循环

for 循环的一般形式如下：

```
for 循环变量=vector
        循环体语句
end
```

在 for 循环语句中，vector 是一个向量，循环变量每次从 vector 向量中取一个值，执行一次循环体语句，如此反复，直到执行完 vector 向量中最后一个元素所对应的最后一次循环，循环结束。

【例 1.14】 for 循环。

```
>>for i=1∶1∶7
a(1,i)=10+2^I;
end
>>a
a=
    12   14   18   26   42   74   138
```

2. while 循环

while 循环的一般形式如下：

```
while 条件
        循环体语句
end
```

while 循环先判断某一条件是否成立，若成立，则执行一次循环体语句，然后接着判断，如此反复，直到条件不成立而结束循环。

3. 循环嵌套

如果一个循环结构的循环体又包括另一个循环结构，就称为循环的嵌套，或称为多重循环结构。多重循环的嵌套层数可以是任意的，可以按照嵌套层数，分别叫做二重循环、三重循环等，处于内部的循环叫做内循环，处于外部的循环叫做外循环。

【例 1.15】 若 $f(n) = \sum_{i=1}^{n} i^2$，求 $f(n) \leqslant 2000$ 的最大正整数 n 和相应的 $f(n)$。

```
y=0;
for i=1:20
    y=y+i^2;
    if y>=2000
        break
    end
end
n=i-1
y=y-i^2
```

运行结果为：

```
n=
    17
y=
    1785
```

1.2.5 MATLAB 绘图

MATLAB 的一大特点在于其提供了非常丰富的绘图函数，并能通过多种属性设置绘制出各种各样的图形。

1. 二维图形绘制

MATLAB 提供了 plot、loglog、semilogx、semilogy、polar、plotyy 等 6 个非常实用的基本二维绘图函数。由于本书中主要涉及 plot 函数，这里限于篇幅只介绍 plot 函数，若读者有兴趣了解其他函数的功能和格式，请参考其他资料。

plot 函数的调用格式如下。

（1）plot(y)

绘制 y 的各列，每列对应一条线，如果 y 是实数矩阵，则横坐标为下标；如果 y 是复数矩阵，则横坐标为实部，纵坐标为虚部。

（2）plot(x1，y1，…)

绘制 (x, y) 的所有线条，自动确定线条颜色。x 和 y 可以同为同型矩阵，同为等长向量，也可以一个是矩阵，另一个是相匹配的向量。画图时自动忽略虚部。

（3）plot(x1，y1，LineSpec，…)

绘制 x，y 对应的线条，并由 LineSpec 参数设置线型、线宽、线条颜色、描点类型、描点大小、点的填充颜色和边缘颜色等属性。x 和 y 的含义同上。

在 MATLAB 进行二维图形绘制时，可以用 LineSpec 参数设置线型、线宽、线条颜色、描点类型、描点大小、点的填充颜色和边缘颜色等属性。其中，线型、描点类型、颜色的参数设置见表 1-6。

表 1-6　线型、描点类型、颜色参数设置

线型	说明	描点类型	说明	颜色	说明
-	实线(默认)	.	点	r	红
--	虚线	○	圆	g	绿
:	点线	×	叉号	b	蓝(默认)
-.	点画线	*	星号	c	青
		+	加号	m	品红
		v	下三角形	y	黄
		^	上三角形	k	黑
		>	右三角形	w	白
		<	左三角形		
		s	方向		
		d	菱形		
		p	五角星		
		h	六角星		

2. 三维图形绘制

除二维图形外，MATLAB 还提供了很多三维绘图函数。常用的三维绘图函数见表 1-7。

表 1-7　常用三维绘图函数

函数名	说明	函数名	说明
plot3	三维线图	sphere	单位球面
mesh	三维网格图	ellipsoid	椭球面
surf	三维表面图	quiver3	三维箭头
fill3	三维填充图	pie3	三维饼图
trimesh	三角网格图	bar3	竖直三维柱状图
trisurf	三角表面图	bar3h	水平三维柱状图
ezmesh	易用的三维网格绘图	stem3	三维火柴杆图
ezsurf	易用的三维彩色面绘图	contour	矩阵等高线图

续表

函数名	说明	函数名	说明
meshc	带等高线的网格图	contour3	三维等高线图
surfc	带等高线的面图	contourf	填充二维等高线图
surfl	具有亮度的三维表面图	waterfall	瀑布图
hist3	三维直方图	pcolor	伪色彩图
slice	立体切片图	hidden	设置网格图的透明度
cylinder	圆柱面	alpha	设置图形对象的透明度

plot3 函数的调用格式类似于二维绘图函数 plot,可直接使用,而 mesh 和 surf 函数在绘制图形之前,需先产生图形对象的网格数据。MATLAB 中提供的 meshgrid 函数可以进行网格划分,产生三维绘图的网格数据,其调用格式如下:

[X,Y]=meshgrid(x,y)%:用向量 x 和 y 分别对 x 轴和 y 轴方向进行划分,产生网格矩阵 X 和 Y

[X,Y]=meshgrid(x)%:用同一个向量 x 分别对 x 轴和 y 轴方向进行划分,产生网格矩阵 X 和 Y

[X,Y,Z]=meshgrid(x,y,z)%:用向量 x、y、z 分别对 xyz 轴方向进行划分,产生三维网格矩阵 X 和 Y

表 1-9 中的其他函数在本书中使用较少,限于篇幅这里不再一一介绍。

1.2.6 数据的导入与导出

太赫兹光谱分析实质上是利用数学方法对太赫兹光谱数据进行的分析,因此在 MATLAB 编程时,不可避免要涉及数据的导入导出问题。数据量较小时,还可以通过定义数组的形式直接把数据写在程序中,但在实际操作中,所需分析的光谱数据往往成千上万,那么将数据直接写在程序中的做法显然不合理,此时应从包含数据的外部文件中读取数据到 MATLAB 应用程序中,结果的输出有时也应直接写入到数据文件中。

1. 数据的导入

数据量较大时,常将数据按一定的排列写入外部数据文件,TXT 文件和 EXCEL 文件是两种常用于储存数据的文本文件,两者在数据导入时的应用方式较为相似,这里以 TXT 文件为例介绍数据的导入。

uigetfile 函数常用来导入外部数据文件,该函数在 MATLAB 运行时会弹出对话框，用户可随意选定要导入的数据文件，而不需提前指定数据文件的文件名，因此，这种方式较为简单、直接。uigetfile 函数的调用格式为

```
[FileName,PathName,FilterIndex]=uigetfile(FilterSpec,DialogTitle,
DefaultName)
```

其中，FileName 为返回的文件名；PathName 为返回的文件路径名；FilterIndex 为选择的文件类型(可忽略)；FilterSpec 为文件类型设置；DialogTitle 为打开对话框的标题；DefaultName 为默认指向的文件名(可忽略)。

【例 1.16】 uigetfile 导入数据文件。

```
>> [THz_TDS,File_path]=uigetfile('*.txt', '选择样品的太赫兹光谱数据')
```

首先弹出对话框，如图 1-8 所示。

图 1-8　uigetfile 函数进行数据导入的选择对话框

双击"时域谱"文件，在命令窗口显示：

```
THz_TDS=
时域谱.txt
File_path=
C:\Users\pc\Desktop\
```

除此之外，编程时可利用表 1-8 中函数读取文本文件中的数据，引用格式为 load('文件名.txt')(以 load 函数为例)。

表 1-8　MATLAB 中读取文本文件的常用函数

高级函数		低级函数	
函数名	说明	函数名	说明
load	从文本文件导入数据到 MATLAB 工作空间	fopen	打开文件，获取打开文件的信息
importdata	从文本文件或特殊格式二进制文件(如图片、视频)读取数据	fclose	关掉一个或多个打开的文件
dlmread	从文本文件中读取数据	fgets	读取文件中的下一行，包括换行符
csvread	调用了 dlmread 函数，从文本文件读取数据	fgetl	调用 fgets 函数，读取文件中的下一行，不包括换行符
textread	按指定格式从文本文件或字符串中读取数据	fscanf	按指定格式从文本文件中读取数据
strread	按指定格式从字符串中读取数据	textscan	按指定格式从文本文件或字符串中读取数据

高级函数和低级函数的区别在于低级函数调用语法比较复杂，其好处是能按照各种格式读取文件，具有很好的灵活性。而高级函数大多调用了一些低级函数读取数据，具有调用语法简单、方便实用的特点。

2. 数据的导出

与数据导入情况类似，有时运算结果数据量较大，直接在 MATLAB 命令窗口数据显示不符合需要，也需将数据写入文本文件，用作其他处理。MATLAB 中用于写数据到文本文件的函数如表 1-9 所示。

表 1-9　MATLAB 中用于将数据写入文本文件的函数

高级函数		低级函数	
函数名	说明	函数名	说明
save	将工作空间中的变量写入文件	fprintf	按指定格式将数据写入文件
dlmwrite	按指定格式将数据写入文件		

【例 1.17】　save 函数将数据写入文本文件。

```
>>a=1:1:90;
>>b=sin(a);
>>plot(a,b)
>>save 正弦.txt b -ascii
```

运行后弹出一个正弦函数图(这里不再详细介绍)，同时在 MATLAB 文件路径所在的文件夹中出现新的文件"正弦"的 txt 文件，文件中包含了 1, 2, 3, …，

90 的正弦运算结果。

限于篇幅，关于 dlmwrite 和 fprintf 函数的使用方法不再作详细介绍。

1.2.7　M 代码的编写和调试

上述关于 MATLAB 的基本介绍都是为了帮助读者根据自身需求编写 MATLAB 程序代码，以便快速运算。MATLAB 程序代码简称为 M 代码，将 M 代码保存成扩展名为.m 的文件，称之为 M 文件，M 文件通常在程序编辑窗口编写与调试。

1. 脚本文件

脚本文件是将一些 MATLAB 命令整合在一起而形成的 M 文件。在程序编辑过程中或编辑完成后均可保存，点击 save 将弹出保存对话框，用户将输入程序的文件名，并选择文件的保存路径。注意脚本文件的文件名要以英文字母开头，否则出现错误，文件名中不可出现汉字及运算符。保存后单击程序编辑窗口上的运行按钮，或者在 MATLAB 命令窗口输入脚本文件名后按 Enter 键，或将光标放置于脚本文件中，按 F5 键，均可运行脚本文件，在命令窗口查看运行结果。

2. 函数文件

函数文件是按照一定格式编写的可由用户指定输入和输出参数进行调用的 M 文件。函数文件是由关键字 function 引导的，其格式为

```
function [out1,out2,…] =funname(in1,in2,…)
注释说明部分(％号引导的行)
函数体
```

其中，out1，out2，…为输出参数列表，in1，in2，…为输入参数列表，funname 为函数名。值得注意的是，函数输出参数列表中提到的变量要在函数体中予以赋值，函数名与变量名的命名规则相同，且函数名应与文件名相同(调用函数时使用文件名进行调用，两者不相同时会造成调用错误)，并且自编函数不要与内部函数重名，否则会使运行错误。

3. M 代码的调试

无论是编写一个脚本文件还是一个函数文件，都要进行代码调试，使其能正常运行。M 代码的调试就是检查代码中出现的两类错误，即语法错误和运行结果错误。

语法错误是指所书写的代码不符合 MATLAB 语法规范出现的错误，这类错

误比较常见，比如拼写错误，函数的调用方法错误等。一般说来，这类错误会造成程序的运行出现中断，不能得出结果。语法错误的原因能从运行后在命令窗口显示的错误提示(？？？引导的语句)中清晰地看出来，用户可根据错误提示在出现错误处进行改正。

运行结果错误是一类难以检查的错误。程序能正常运行，只是运行结果与期望的不一样，这类错误大多是由算法错误引起的，也可能是由 MATLAB 运算的复数结果造成的。对于运行结果错误，一般可采用以下方法进行检查。

(1)将可能出错的语句后面的分号"；"去掉，让其返回结果。

(2)如果是一个函数文件，可以将 function 所在的行注释掉，使其变为脚本文件，以便在命令窗口查看运行结果。

(3)利用 clear 或 clear all 命令清除以前的运算结果，以免程序运行受以前结果的影响。

(4)在程序的适当位置添加 keyboard 指令，增加程序的交互性。程序运行到 keyboard 指令时会出现暂停，命令窗口的命令提示符"》"前会多出一个字母 K，此时用户可以很方便地查看和修改中间变量的取值。在"K》"的后面输入 return 指令，按 Enter 键可结束查看，继续向下执行程序。

1.2.8　MATLAB 帮助系统

任何一个软件的帮助系统对用户的编程都是十分必要的，MATLAB 也不例外。MATLAB 提供了丰富的 help 命令，在命令窗口输入下列命令即可获取相关的帮助信息。

(1)help matfun：矩阵函数。

(2)help general：通用命令。

(3)help graphics：通用图形函数。

(4)help elfun：基本的数学函数。

(5)help elmat：基本的矩阵和矩阵操作。

(6)help control：控制系统工具箱函数。

(7)help datafun：数据分析和傅里叶变换函数。

(8)help ops：操作符和特殊字符。

(9)help polyfun：多项式和内插函数。

(10)help lang：语言结构和调试。

(11)help strfun：字符串函数。

编程过程中，可以直接使用 help 获取指令的使用说明，如果需要某个函数或工具箱的帮助信息，可以在命令行窗口输入如下命令：

```
help name
```

其中，name 为需要帮助的函数或工具箱的名称。

【例 1.18】　获取神经网络创建函数 newff 的有关信息。

```
>>help newff
 newff Create a feed-forward backpropagation network.
    Obsoleted in R2010b NNET 7.0.  Last used in R2010a NNET 6.0.4.
    The recommended function is feedforwardnet.
    Syntax
     net=newff(P, T, S)
     net=newff(P, T, S, TF, BTF, BLF, PF, IPF, OPF, DDF)
    Description
     newff(P, T, S)takes,

      P  - RxQ1 matrix of Q1 representative R-element input vectors.
      T  - SNxQ2 matrix of Q2 representative SN-element target vectors.
      Si - Sizes of N-1 hidden layers, S1 to S(N-1), default=[ ].
           (Output layer size SN is determined from T.)
     and returns an N layer feed-forward backprop network.
     newff(P, T, S, TF, BTF, BLF, PF, IPF, OPF, DDF)takes optional inputs,

      TFi - Transfer function of ith layer. Default is 'tansig' for
            hidden layers, and 'purelin' for output layer.
      BTF - Backprop network training function, default='trainlm'.
      BLF - Backprop  weight/bias  learning  function, default=
'learngdm'.
      PF - Performance function, default='mse'.
      IPF - Row cell array of input processing functions.
            Default is {'fixunknowns','remconstantrows',
'mapminmax'}.
      OPF - Row cell array of output processing functions.
            Default is {'remconstantrows', 'mapminmax'}.
      DDF - Data division function, default='dividerand';
     and returns an N layer feed-forward backprop network.
```

……

除在命令行窗口手动输入 help 指令外，还可使用 F1 键来获取函数的帮助信息，具体操作方式为：先输入函数名，将光标置于函数名后或函数名中，按 F1 可弹出新对话框，该对话框中详细显示了该函数的帮助信息。如例 1.18 中，先输入 newff，再按下 F1 键，所弹出的对话框中内容与例 1.18 中的内容完全相同。

第 2 章 　 线性回归分析

　　在油气资源的太赫兹表征和评价过程中，总会出现某个光学参数与油气资源的某种物性、某个成分或某一指标相关，但又不具有一一对应关系，只是从两者的数据上来看存在某种趋势，如单调增加或单调减小。此时，解决这一现象并用数学语言描述这种变量关系的首选方法就是回归分析。"回归"这一概念，最早是由英国统计学家 Francis Galton 在 19 世纪 80 年代提出的，用于研究父代身高与子代身高的关系，在同一族群中，子代的平均身高往往介于其父代的身高和族群的平均身高之间。具体来讲，高个子父亲的儿子的身高存在低于父亲身高的趋势，矮个子父亲的儿子的身高则有高于父亲身高的趋势，即子代的身高有向族群平均身高"回归"的趋势，这就是统计学上"回归"的最初含义。

　　线性回归广泛用于自然科学和社会科学领域，是定量研究中最简单、最直接且非常有效的数据回归分析方法。它表示自变量与因变量之间呈线性关系，若基于此关系，可根据自变量的值来预测对应因变量的取值。在油气资源的物理性质分析中，可以利用线性回归模型和光学参数来预测未知油气的关键指标。如果在线性回归模型中只包括一个自变量和一个因变量，这种回归分析称为一元线性回归；如果回归模型中包括两个或两个以上自变量，则称为多元线性回归。本章将分别介绍一元线性回归分析方法和多元线性回归分析方法，讨论两种线性回归分析的实现方式，并给出实际的研究案例。

2.1　方法概述

2.1.1　一元线性回归

　　在油气资源的太赫兹光谱表征与评价中，常讨论太赫兹参数(如太赫兹时域谱峰值、吸收系数)与油气的物理性质(如浓度、含量)之间的关系，根据总体趋势可拟合得到两者之间的数学模型，而一元线性模型就是其中最常见、最有效的一种。

1. 一元线性回归的数学表达

一元线性回归模型常表示为

$$y = \alpha + \beta x + \varepsilon \tag{2-1}$$

式中，x 表示自变量，有时也称为解释变量、先决变量或外生变量；y 表示因变量，亦称为结果变量、反应变量或内生变量。x 和 y 分别存在 n 个值 (x_i, y_i) $(i=1, 2, 3, \cdots, n)$，则 x_i 和 y_i 所有值均满足关系式：

$$y_i = \alpha + \beta x_i + \varepsilon \tag{2-2}$$

式中，α 和 β 均为模型的参数，通常未知，需要根据样品的已知 (x_i, y_i) 数据进行估计。$\alpha + \beta x$ 是线性模型的结构项，反映由 x 的取值变化而引起的 y 的结构性变化。ε 是误差项，它是一个随机变量，代表了不能由自变量结构性解释的其他因素对因变量的影响，当 i 取值不同时，ε_i 相互独立且满足均值 $E(\varepsilon)=0$、方差 $\sigma_\varepsilon^2 = \sigma^2$ 及协方差 $\mathrm{cov}(\varepsilon_i, \varepsilon_i')=0$，即

$$\varepsilon_i \sim N(0, \sigma^2), \quad i=1, 2, 3, \cdots, n \tag{2-3}$$

一元线性回归模型只包含一个自变量，是最简单的模型。"线性"一方面代表模型在参数上是线性的，另一方面也指模型在自变量上是线性的。对于指定的 x_i 值，在一定条件下对式(2-2)求条件期望后得

$$E(Y \mid X = x_i) = \mu_i = \alpha + \beta x_i \tag{2-4}$$

对于每一个特定的 x_i 值，观测值 y_i 实际上都包含于一个均值为 μ、方差为 σ^2 的正态分布。因此，对于一个一元线性回归模型，其实际问题是在 (x_i, y_i) $(i=1, 2, 3, \cdots, n)$ 已知的前提下，如何对未知参数 α、β、σ^2 进行估计，并对 α、β 的某种假设进行检验，对 y 进行预测。

回归模型是针对总体而言的，即对总体特征的总结性描述，回归方程中，α 及 β 都是总体的特征。在探讨油气资源某物性参数与太赫兹参数的关系时，由于无法获取所有分析数据，难以得到总体回归方程，只能通过有限的样本数据对 α 及 β 进行取值估计。以不同含水量柴油的太赫兹光谱响应为例，根据样本中含水率与样本时域谱峰值的整体分布，得到了两者的一元线性回归方程，方程表述为

$$y_i' = \alpha + \beta x_i \tag{2-5}$$

对于图中的每一个点，即每一个样本，其观测值和估计值往往不等，可得到实际值与拟合值之差，称为残差 e_i，它对应着式(2-2)中总体随机误差项 ε。如图 2-1 所示，在含水量与太赫兹时域峰值的一元线性回归模型中，观测值、估计

值和残差之间的关系得到了直观说明。

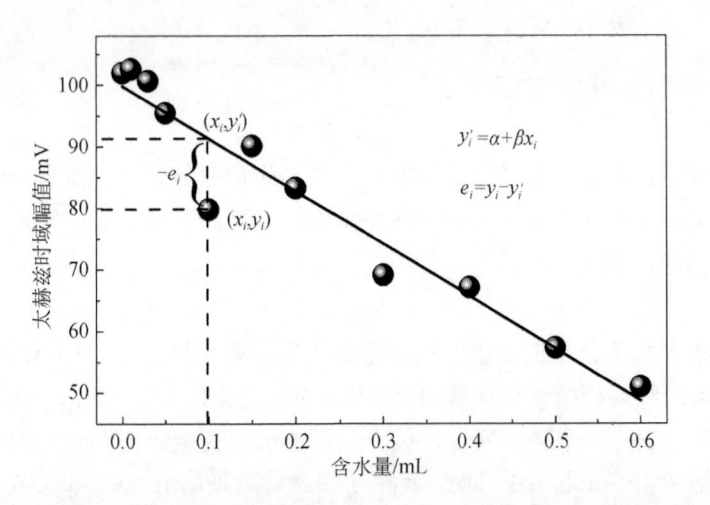

图 2-1　太赫兹时域峰值(因变量)与油品含水量(自变量)的一元线性回归模型

y_i、y_i'、e_i 分别代表观测值、拟合值及残差

2. 参数的最小二乘估计

图 2-1 中的散点描述了不同样本在二元坐标系统中的各自分布位置，根据整体趋势可推断线性模型的存在。对每一个点 $(x_i,\ y_i)$ $(i=1, 2, 3, \cdots, n)$ 均满足

$$y_i = \alpha + \beta x_i + \varepsilon_i \tag{2-6}$$

式中，α 和 β 为回归方程的截距系数和斜率系数。此时，最重要的问题便是如何估计回归方程中的系数 α 和 β。最小二乘法(least squares，LS)是最常用的估计方法，公式简单，计算方便，得到的回归系数具有线性、无偏性、有效性等性质。最小二乘法的基本思路是：根据从总体中随机选取的一个样本，在直角坐标系中找到一条直线 $y_i' = \alpha + \beta x_i$，使得观测值 y_i 和拟合值 y_i' 之间的距离最短，即两者之间的残差 (e_i) 平方和 (P) 最小，据此所计算的截距系数和斜率系数即为回归系数的最佳值。下面将系统介绍求解过程。

残差平方和 P 可表示为

$$P = \sum_{i=1}^{n} e_i^2 = \sum_{i=1}^{n} (y_i - y_i')^2 = \sum_{i=1}^{n} (y_i - \alpha - \beta x_i)^2 \tag{2-7}$$

要使 P 取最小值，需令

$$\frac{\partial P}{\partial \alpha} = 0 \ \ 及 \ \ \frac{\partial P}{\partial \beta} = 0 \tag{2-8}$$

即

$$\begin{cases} \dfrac{\partial P}{\partial \alpha} = -2\sum_{i=1}^{n}(y_i - \alpha - \beta x_i) = 0 \\[4mm] \dfrac{\partial P}{\partial \beta} = -2\sum_{i=1}^{n}(y_i - \alpha - \beta x_i)x_i = 0 \end{cases} \tag{2-9}$$

将式(2-9)进行进一步处理，可得

$$\begin{cases} \sum_{i=1}^{n}y_i = n\alpha + \beta\sum_{i=1}^{n}x_i \\[4mm] \sum_{i=1}^{n}(x_iy_i) = \alpha\sum_{i=1}^{n}x_i + \beta\sum_{i=1}^{n}x_i^2 \end{cases} \tag{2-10}$$

求解上述方程组(2-10)，可得

$$\begin{cases} \alpha = \dfrac{\sum_{i=1}^{n}x_i^2\sum_{i=1}^{n}y_i - \sum_{i=1}^{n}x_i\sum_{i=1}^{n}(x_iy_i)}{n\sum_{i=1}^{n}x_i^2 - \left(\sum_{i=1}^{n}x_i\right)^2} \\[8mm] \beta = \dfrac{n\sum_{i=1}^{n}(x_iy_i) - \sum_{i=1}^{n}x_i\sum_{i=1}^{n}y_i}{n\sum_{i=1}^{n}x_i^2 - \left(\sum_{i=1}^{n}x_i\right)^2} \end{cases} \tag{2-11}$$

由此得到了回归系数的最小二乘估计算法。若对式(2-11)的第二个等式进行进一步处理，可得

$$\begin{aligned} \beta &= \frac{n\sum_{i=1}^{n}(x_iy_i) - \sum_{i=1}^{n}x_i\sum_{i=1}^{n}y_i}{n\sum_{i=1}^{n}x_i^2 - \left(\sum_{i=1}^{n}x_i\right)^2} \\[4mm] &= \frac{n\sum_{i=1}^{n}(x_iy_i) - n\bar{x}\sum_{i=1}^{n}y_i}{n\sum_{i=1}^{n}x_i^2 - (n\bar{x})^2} \\[4mm] &= \frac{n\left(\sum_{i=1}^{n}(x_iy_i) - \bar{x}\sum_{i=1}^{n}y_i - \bar{y}\sum_{i=1}^{n}x_i + n\bar{x}\bar{y}\right)}{n\left(\sum_{i=1}^{n}x_i^2 - n(\bar{x})^2\right)} \end{aligned}$$

$$= \frac{\sum\limits_{i=1}^{n}(x_i - \overline{x})(y_i - \overline{y})}{\sum\limits_{i=1}^{n}(x_i - \overline{x})^2} \tag{2-12}$$

根据已知定义，两个随机变量 X 与 Y 的协方差 $\mathrm{cov}(X, Y)$ 为

$$\mathrm{cov}(X, Y) = E\{[X - E(X)][Y - E(Y)]\} \tag{2-13}$$

式中，E 为数学期望。

根据相关定义可知，方差为各数据分别与平均值之差的平方和的平均数，即

$$\mathrm{var}(X) = \frac{\sum\limits_{i=1}^{n}(X_i - \overline{X})^2}{n} \tag{2-14}$$

因此，由式(2-12)～式(2-14)可知，一元线性回归方程斜率的估计值等于自变量和因变量之间的协方差与自变量的样本方差之比，即

$$\beta = \frac{\mathrm{cov}(x, y)}{\mathrm{var}(x)} \tag{2-15}$$

同时，在解得回归方程斜率的条件下，亦可采用下式计算一元线性回归方程的截距：

$$\alpha = \frac{\sum\limits_{i=1}^{n} y_i - \beta \sum\limits_{i=1}^{n} x_i}{n} = \overline{y} - \beta\overline{x} \tag{2-16}$$

通常情况下，利用式(2-12)及式(2-16)，即可快速计算回归截距和斜率参数的估计值。

3. 回归模型检验及评价

利用基于最小二乘的参数估计方法，对于任意样本观测值 (x_i, y_i) $(i=1，2，3，\cdots，n)$ 作出的散点图，由图可看出 x 与 y 之间不存在线性相关关系，也能由式(2-12)及式(2-15)算出回归系数，得到一元线性回归方程 $y_i' = \alpha + \beta x_i$。但建立回归方程的目的在于揭示两个相关变量 x 与 y 之间的内在规律，若没有准确的参数或指标来检验回归模型，那么已经建立的回归方程也可能是没有意义的。因此，在回归模型建立后，还需进行回归直线的拟合优度评价，即判断该直线与样本观测点的接近程度。

为了寻找合适的统计量，以检验因变量的不同取值 y_i，首先将特定的观测值与均值之间的差异定义为离差，即

$$l_c = |y_i - \overline{y}| \tag{2-17}$$

将离差的平方和称为总平方和，记为 S_T:

$$S_T = \sum_{i=1}^{n}(y_i - \overline{y})^2 \tag{2-18}$$

S_T 反映了 $y_1, y_2, \cdots, y_n$ 的离散程度，上式可进一步求解得到

$$
\begin{aligned}
S_T &= \sum_{i=1}^{n}(y_i - \overline{y})^2 \\
&= \sum_{i=1}^{n} y_i^2 - 2\overline{y}\sum_{i=1}^{n} y_i + n(\overline{y})^2 \\
&= \sum_{i=1}^{n} y_i^2 - n(\overline{y})^2 \\
&= \sum_{i=1}^{n} y_i^2 - \frac{1}{n}(\sum_{i=1}^{n} y_i)^2
\end{aligned}
\tag{2-19}
$$

变量 y 的各个观测值 y_i 和平均值 $\overline{y}$ 的离差 $y_i - \overline{y} = (y_i' - \overline{y}) + (y_i - y_i')$，其中，$y_i' = \alpha + \beta x_i$。因此，可对 S_T 进行进一步推导：

$$
\begin{aligned}
S_T &= \sum_{i=1}^{n}(y_i - \overline{y})^2 \\
&= \sum_{i=1}^{n}[(y_i' - \overline{y}) + (y_i - y_i')]^2 \\
&= \sum_{i=1}^{n}(y_i' - \overline{y})^2 + \sum_{i=1}^{n}(y_i - y_i')^2 + 2\sum_{i=1}^{n}[(y_i' - \overline{y})(y_i - y_i')]
\end{aligned}
\tag{2-20}
$$

式中，$\sum_{i=1}^{n}[(y_i' - \overline{y})(y_i - y_i')] = 0$（有兴趣的读者可以证明），因此，

$$S_T = \sum_{i=1}^{n}(y_i' - \overline{y})^2 + \sum_{i=1}^{n}(y_i - y_i')^2 \tag{2-21}$$

其中，$\sum_{i=1}^{n}(y_i' - \overline{y})^2$ 为回归平方和，记为 S_R；$\sum_{i=1}^{n}(y_i - y_i')^2$ 为残差平方和，记为 S_E。因此，

$$S_T = S_R + S_E \tag{2-22}$$

若将式 (2-11) 代入 $y_i' = \alpha + \beta x_i$ 中，可证明：

$$\sum_{i=1}^{n} y_i = \sum_{i=1}^{n} y_i' \tag{2-23}$$

则

$$\overline{y} = \frac{1}{n}\sum_{i=1}^{n} y_i = \frac{1}{n}\sum_{i=1}^{n} y_i' \qquad (2\text{-}24)$$

因此，$S_R = \sum_{i=1}^{n}(y_i' - \overline{y})^2$ 反映回归值 y_1'，y_2'，…，y_n' 的离散程度，而 y_1'，y_2'，…，y_n' 的离散程度又源于 x_1'，x_2'，…，x_n' 的离散性。且

$$S_R = \sum_{i=1}^{n}(y_i' - \overline{y})^2 = \sum_{i=1}^{n}[(\alpha' - \beta'x_i) - (\alpha' - \beta'\overline{x})]^2 = \beta'^2\sum_{i=1}^{n}(x_i - \overline{x})^2 \qquad (2\text{-}25)$$

可知 $S_R = \sum_{i=1}^{n}(y_i' - \overline{y})^2$ 实际上反映因 x 变化引起 y 波动的大小是由 x 对 y 的相关性引起的。

$S_E = \sum_{i=1}^{n}(y_i - y_i')^2$ 直接反映了观测值与回归值之间的偏离，表示了 x 对 y 的线性影响之外的剩余因素对 y 所引起的波动大小。

若一元线性回归方程有意义，即 y 波动主要是由 x 变化而引起的，其他因素均是次要的，则 S_R 尽可能大，同时 S_E 尽可能小。如果将回归平方和 S_R 除以总平方和 S_T，就得到回归平方和占总平方和的比例，将该比例定义为判定系数，记为 R^2：

$$R^2 = \frac{S_R}{S_T} = \frac{\displaystyle\sum_{i=1}^{n}(y_i' - \overline{y})^2}{\displaystyle\sum_{i=1}^{n}(y_i - \overline{y})^2} \qquad (2\text{-}26)$$

R^2 用来测定回归直线对各观测点的拟合程度，若全部观察点均落在回归直线上，则 $S_E=0$，$R^2=1$；若 x 完全无助于解释 y 的偏差，则 $S_E=1$，$R^2=0$。因此，各观测点离回归直线越近，拟合程度就越高，R^2 的取值范围为 [0，1]。有时也利用判定系数的平方根 R 作为线性相关系数，来判定回归模型的拟合程度。

2.1.2　多元线性回归

一元线性回归模型将因变量的自变量限制为一个，然而在实际研究中，这种现象并不常见，且一个自变量的模型往往不能对所研究的模型给出准确的描述。例如，油水混合物的太赫兹光谱表征过程中，太赫兹响应不仅与含水率紧密相关，还与油品种类、成分、温度等有关，且各变量之间可能还存在一定程度的相关性，一元线性回归分析无法确定某一自变量对因变量的净效益。因此，在进行回归分

析时，经常需要更通用的模型，将两个或更多解释变量的影响均考虑在内，即多元回归分析，若自变量与因变量之间呈线性关系，则所进行的回归分析就是多元线性回归分析。

1. 基本定义

多元回归模型用于分析一个因变量 y 和多个自变量 x_1，x_2，$\cdots$，x_{m-1} 之间的关系，假设它们具有线性关系，即

$$y_i = \beta_0 + \beta_1 x_{i1} + \beta_2 x_{i2} + \cdots + \beta_k x_{ik} + \cdots + \beta_{m-1} x_{i(m-1)} + \varepsilon_i \tag{2-27}$$

式中，$\varepsilon \sim N(0,\ \sigma^2)$，$\beta_1$，$\beta_2$，$\cdots$，$\beta_{m-1}$，$\sigma^2$ 都是未知参数，$i=1, 2, \cdots, n$，表示模型中共有 n 个样本。此时，式(2-27)所定义的模型就是多元线性回归，y_i 为第 i 个样本在因变量中的取值，x_1，x_2，$\cdots$，x_{m-1} 为回归变量，β_0 是截距的总体参数，β_1，β_2，$\cdots$，β_{m-1} 是回归系数，即斜率的总体参数。

2. 矩阵形式

对于式(2-27)中的多元线性回归模型，首先要估计其未知参数 β_1，β_2，$\cdots$，β_{m-1}，假设回归模型中共存在 n 个样本，需进行 n 次独立观测，得到 n 组数据，即

$$(x_{i1},\ x_{i2},\ x_{i3}, \cdots,\ x_{i(m-1)};\ y_i),\ \ i=1, 2, \cdots, n$$

代入式(2-27)，则有

$$\begin{cases} y_1 = \beta_0 + \beta_1 x_{11} + \beta_2 x_{12} + \cdots + \beta_{m-1} x_{1(m-1)} + \varepsilon_1 \\ y_2 = \beta_0 + \beta_1 x_{21} + \beta_2 x_{22} + \cdots + \beta_{m-1} x_{2(m-1)} + \varepsilon_2 \\ \quad\quad\quad\quad\quad\quad \cdots\cdots \\ y_n = \beta_0 + \beta_1 x_{n1} + \beta_2 x_{n2} + \cdots + \beta_{m-1} x_{n(m-1)} + \varepsilon_n \end{cases} \tag{2-28}$$

令

$$\boldsymbol{Y} = \begin{bmatrix} y_1 \\ y_2 \\ \vdots \\ y_i \\ \vdots \\ y_n \end{bmatrix},\quad \boldsymbol{X} = \begin{bmatrix} 1 & x_{11} & x_{12} & \cdots & x_{1(m-1)} \\ 1 & x_{21} & x_{22} & \cdots & x_{2(m-1)} \\ \vdots & \vdots & \vdots & \vdots & \vdots \\ 1 & x_{i1} & x_{i2} & \cdots & x_{i(m-1)} \\ \vdots & \vdots & \vdots & \vdots & \vdots \\ 1 & x_{n1} & x_{n2} & \cdots & x_{n(m-1)} \end{bmatrix},\quad \boldsymbol{\beta} = \begin{bmatrix} \beta_0 \\ \beta_1 \\ \vdots \\ \beta_i \\ \vdots \\ \beta_{m-1} \end{bmatrix},\quad \boldsymbol{\varepsilon} = \begin{bmatrix} \varepsilon_1 \\ \varepsilon_2 \\ \vdots \\ \varepsilon_i \\ \vdots \\ \varepsilon_n \end{bmatrix}$$

那么，采用矩阵表达形式，线性回归模型可简写成如下形式：

$$\begin{cases} \boldsymbol{Y} = \boldsymbol{X\beta} + \boldsymbol{\varepsilon} \\ \boldsymbol{\varepsilon} \sim N(0,\ \sigma^2 I_n) \end{cases} \tag{2-29}$$

式中，$\boldsymbol{Y}$ 为观测向量，$\boldsymbol{X}$ 为设计矩阵，它们由观测数据得到，是已知参数；$\boldsymbol{\beta}$ 为

待估计的未知参数向量；ε 是由不可观测的随机误差得到的。式(2-29)叫作多元线性回归模型的矩阵形式，也叫作高斯-马尔可夫线性模型，简记为 $(\boldsymbol{Y}, \boldsymbol{X\beta}, \sigma^2 I_n)$。

3. 未知参数估计

在对多元回归方程进行参数估计时，仍采用常规最小二乘法，并基于此寻找 $\boldsymbol{\beta} = (\beta_0, \beta_1, \beta_2, \cdots, \beta_m)^{\mathrm{T}}$ 的估计值 β'，使得其残差平方和 S_R 取最小值，即

$$S_{\mathrm{R}} = \sum_{i=1}^{n}\left(y_i - \sum_{j=1}^{n}\beta_i' x_{ij}\right)^2 = \min_{\beta}\sum_{i=1}^{n}\left(y_i - \sum_{j=0}^{m}\beta_i x_{ij}\right)^2 \tag{2-30}$$

那么

$$\frac{\partial S_{\mathrm{R}}}{\partial \beta_i'} = \frac{\partial\left[\sum_{i=1}^{n}\left(y_i - \sum_{j=1}^{n}\beta_i' x_{ij}\right)\right]}{\partial \beta_i'} = 0 \tag{2-31}$$

即

$$2x_{ik}\sum_{i=1}^{n}\left(y_i - \sum_{j=0}^{m}\beta_j' x_{ij}\right) = 0, \quad k = 0,1,\cdots,m \tag{2-32}$$

因此

$$\sum_{i=1}^{n}y_i x_{ij} = \sum_{i=1}^{n}\sum_{j=0}^{m}\beta_j' x_{ij}x_{ik} = \sum_{i=1}^{n}\left(\sum_{j=0}^{m}x_{ij}x_{ik}\right)\beta_j' \tag{2-33}$$

若用矩阵表示，则为

$$\boldsymbol{X}^{\mathrm{T}}\boldsymbol{Y} = (\boldsymbol{X}^{\mathrm{T}}\boldsymbol{X})\beta' \tag{2-34}$$

对式（2-34）进行变换，可得

$$\beta' = (\boldsymbol{X}^{\mathrm{T}}\boldsymbol{X})^{-1}\boldsymbol{X}^{\mathrm{T}}\boldsymbol{Y} \tag{2-35}$$

4. 误差方差估计

残差项和误差项存在一定的区别：误差项是针对总体真实的回归模型而言的，它是由一些不可观测的因素或测量误差引起的；残差项是针对具体模型而言的，被定义为样本回归模型中观测值与预测值的差值。

将自变量的各组观测值代入回归方程，可将因变量估计值写成如下形式：

$$\boldsymbol{Y}' = (y_1', y_2', \cdots, y_n') = \boldsymbol{X\beta}' \tag{2-36}$$

样本估计模型的残差为

$$\boldsymbol{e} = \boldsymbol{Y} - \boldsymbol{Y}' = \boldsymbol{Y} - \boldsymbol{X\beta}' = [\boldsymbol{I} - \boldsymbol{X}(\boldsymbol{X}^{\mathrm{T}}\boldsymbol{X})^{-1}\boldsymbol{X}^{\mathrm{T}}]\boldsymbol{Y} = (\boldsymbol{I} - \boldsymbol{H})\boldsymbol{Y} \tag{2-37}$$

其中，$H = X(X^T X)^{-1} X^T$ 为一个 n 阶幂等矩阵，始终满足 $HH = H$；I 为 n 阶单位矩阵，则 $I - H$ 也是一个幂等矩阵。

据此，还可以进一步估计剩余平方和：

$$Q_e = e^T e = (Y - X\beta')^T (Y - X\beta') = Y^T (I - H) Y = Y^T Y - \beta'^T X^T Y \qquad (2\text{-}38)$$

式中，$E(Y) = X\beta$，$(I - H)Y = 0$，则

$$Q_e = e^T e = (Y - E(Y))^T (I - H)(Y - E(Y)) = \varepsilon^T (I - H)\varepsilon \qquad (2\text{-}39)$$

则

$$
\begin{aligned}
E(e^T e) &= E\big[\mathrm{tr}(\varepsilon^T (I - X)\varepsilon)\big] \\
&= \mathrm{tr}\big[(I - H) E(\varepsilon\varepsilon^T)\big] \\
&= \sigma^2 \mathrm{tr}\big[I - X(X^T X)^{-1} X^T\big] \\
&= \sigma^2\big[n - \mathrm{tr}\big[(X^T X)^{-1} X^T X\big]\big] \\
&= \sigma^2 (n - m) \qquad (2\text{-}40)
\end{aligned}
$$

其中，tr(*) 表示矩阵的迹。模型的拟合，估计了 m 个参数，这导致用于估计总体误差项的自由度只剩下 $n-p$ 个。因此，可得到样本对总体误差项方差的无偏估计：

$$\mathrm{MSE} = \sigma'^2 = \frac{1}{n - m} e^T e \qquad (2\text{-}41)$$

MSE 称为残差均方(mean square error)，之所以是无偏的，是因为它对参数估计中损失的自由度做了修正[11]。

2.2　线性回归的 MATLAB 分析流程

2.2.1　一元线性回归的分析

1. 基本流程

对于一组确定的观测数据 (x_i, y_i) $(i=1, 2, \cdots, n)$ 利用 MATLAB 计算其一元线性回归方程 $y = \alpha + \beta x$ 的系数 α 及 β，具体计算方法参考式(2-12)和式(2-16)，即

$$
\begin{cases}
\beta = \dfrac{\sum\limits_{i=1}^{n}(x_i - \overline{x})(y_i - \overline{y})}{\sum\limits_{i=1}^{n}(x_i - \overline{x})^2} \\[4mm]
\alpha = y - \beta\overline{x}
\end{cases}
\qquad (2\text{-}42)
$$

基于拟合得到的一元线性回归方程 $y = \alpha + \beta x$，将每个样本因变量对应的拟合值 y_i'

与观测值 y_i 进行比较，计算回归方程的判定系数 R^2 或相关系数 R，方法为

$$R^2 = \frac{\sum_{i=1}^{n}(y_i' - \overline{y})^2}{\sum_{i=1}^{n}(y_i - \overline{y})^2} \ 或 \ R = \sqrt{\frac{\sum_{i=1}^{n}(y_i' - \overline{y})^2}{\sum_{i=1}^{n}(y_i - \overline{y})^2}} \tag{2-43}$$

若判定系数 R^2 或相关系数 R 接近于 1，则一元线性回归模型的可信度高。然后把散点 $(x_i,\ y_i)$ 和回归曲线 $y=\alpha+\beta x$ 画在一张图上，则模型建立完毕，且该模型可用于预测位置样品的相关参数。

2. MATLAB 实现

首先建立样本的自变量和因变量数据文件，可用 Origin 软件编辑变量的具体数值。第一列代表样本的自变量数据，第二列代表样本的因变量数据，选中所有数据并用 File 中 EXPORT 指令输出样本数据，文件类型为.txt，保存于 MATLAB 程序所在的文件夹中。接下来利用 MATLAB 软件运行一元线性回归计算程序，程序代码为：

```
clc
clear all
Data=[ ];%定义矩阵格式
[Data, File_path]=uigetfile('*.txt', '选择样品数据'); %输入样本的自变
量和因变量数值
Data_x_y=[ ];
Data_x_y=load(Data);
[a, b]=size(Data_x_y);%a为样本个数
Data_x=[ ];
Data_x(:,:)=Data_x_y(:,1);%自变量数据
Data_y=[ ];
Data_y(:,:)=Data_x_y(:,2);%因变量数据
Ave_x=mean(Data_x); %自变量平均值
Ave_y=mean(Data_y); %因变量平均值
x_d_1=[ ];
y_d_1=[ ];
x_d_1=Data_x-Ave_x;%
y_d_1=Data_y-Ave_y;
Beta_fenzi_1=[ ];
Beta_fenmu_1=[ ];
for i=1:a
```

```
        Beta_fenzi_1(i, 1)=x_d_1(i, 1)*y_d_1(i, 1);
        Beta_fenmu_1(i, 1)=x_d_1(i, 1)*x_d_1(i, 1);
    end
    Beta_fenzi=sum(Beta_fenzi_1);%斜率计算公式的分子
    Beta_fenmu=sum(Beta_fenmu_1);%斜率计算公式的分母
    Beta=Beta_fenzi/Beta_fenmu;%斜率的计算值
    Alfa=Ave_y-Beta*Ave_x;%截距的计算值
    No_Xielv=num2str(Beta);
    No_Jieju=num2str(Alfa);
    Xielv_xs=['一元线性方程的斜率为: ',No_Xielv];
    Jieju_xs=['一元线性方程的截距为: ',No_Jieju];
    disp(Xielv_xs);%在MATLAB命令窗口输出斜率值
    disp(Jieju_xs);%在MATLAB命令窗口输出截距值
    y_Pre=[];
    y_Pre=Beta*Data_x+Alfa; %因变量的拟合值
    fprintf('一元线性方程为:y=%d*x+%d\n',Beta, Alfa);%在命令窗口输出方程
    cor_coe=[];
    cor_coe=corrcoef(Data_y, y_Pre);%求解相关系数,corrcoef为MATLAB自带
指令
    Coef=cor_coe(1,2);%因变量拟合值与观测值的相关系数
    No_coef=num2str(Coef);
    Cor_dis=['回归模型的相关系数为:',No_coef];%散点图
    disp(Cor_dis);
    plot(Data_x,Data_y);%散点图的拟合直线
    hold on
    plot(Data_x, y_Pre)
    xlabel('X');
    ylabel('Y');
    title('一元线性回归模型');
    Xielv_xss=['y=',No_Xielv, '*x', '+',No_Jieju];
    Fc=['y=',num2str(Beta),'*x+', num2str(Alfa)];
    Fc_R=['R=',num2str(Coef)];
    pos=round(a/2);
    text(Data_x(pos,1),y_Pre(pos, 1), Fc);%图中显示线性方程式
    text(Data_x(pos,1),y_Pre(pos,1)-(max(y_Pre)-min(y_Pre))/10,Fc_R);%显
示相关系数
```

利用上述 MATLAB 程序，可建立已知数据的一元线性回归模型。以如下数据为例，第一列代表样本的自变量取值，第二列代表样本的因变量取值：

自变量取值	因变量取值
1	5
2	8
3	10
4	15
5	16
6	18
7	22
8	21
9	26
10	27
11	32
12	29
13	34
14	35
15	39

利用 MATLAB 运行上述程序后，在命令窗口的显示如下：

一元线性方程的斜率为 2.3071；

一元线性方程的截距为 4.0095；

一元线性方程为 y=2.307143e+00*x+4.009524e+00；

回归模型的相关系数为 0.99031。

并绘制图形，如图 2-2 所示。

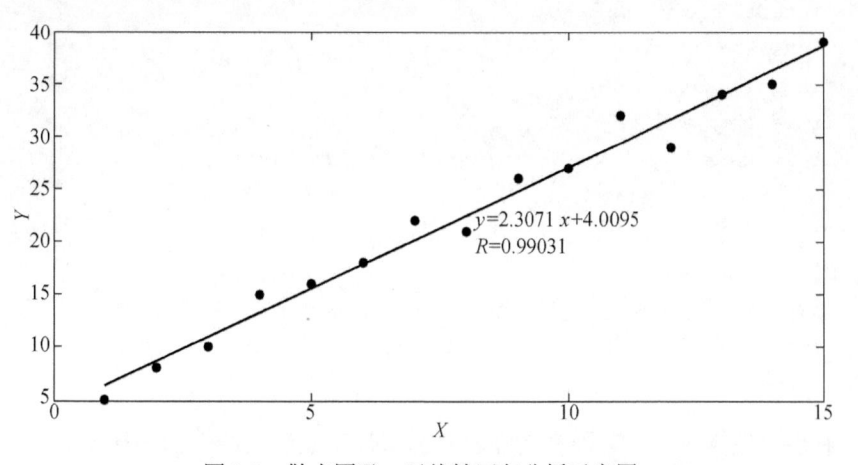

图 2-2　散点图及一元线性回归分析示意图

由于相关系数 $R=0.99031$ 和 $R^2=0.98071$ 接近 1，所以可判定该线性模型准确地反映了自变量和因变量的总体关系。

需要指出的是，上述 MATLAB 一元线性回归模型计算程序中，表示变量的代码完全是基于笔者的习惯，读者在使用时可根据自己的喜好进行修改，对每一个矩阵变量都先进行了矩阵定义，如 Data=[]，读者在使用程序时亦可删掉类似的代码，绘制图片时所设置文字、字母、数字的字体和大小亦可根据读者自己的喜好进行修改。最后，建立一元线性回归模型的 MATLAB 程序并不唯一，上述代码完全是按照本章 2.1.1 节的计算过程进行编写的，其他的一元线性回归模型的 MATLAB 代码可能与本节所介绍的代码有所区别，但大同小异。

2.2.2 多元线性回归分析

利用 MATLAB 进行回归模型建立时，regress 函数可以实现多元线性回归分析，regress 函数的引用格式为

```
[b, bint, r, rint, stats]=regress(y, x)
```

其中，y 为因变量数据向量；x 为自变量数据矩阵；b 为回归得到的自变量系数向量，第一个数为常数项，第二个数为第一个自变量的系数，以此类推；bint 为 b 的 95%置信区间矩阵；r 为残差向量；rint 为置信区间；stats 是用于检验回归模型的统计量，有四个数值，第一个是 R^2，其中 R 是相关系数，第二个是 F 统计量，第三个是与 F 对应的概率 P，第四个是估计误差方差。

多元线性回归的 MATLAB 分析程序为

```
clc
clear all
Data=[];%定义矩阵格式
[Data,File_path]=uigetfile('*.txt', '选择样品数据'); % 输入样本数据
Data_1=[];
Data_1=load(Data);
[a, b]=size(Data_1);%a 为样本个数，b-1 为自变量个数
Data_2=[];
Data_2(:,1)=ones(a,1);
Data_2(:,2:b)=Data_1(:,1:b-1);
Data_2=Data_2;
[Beta,bint,r,rint,stats]=regress(Data_1(:,b), Data_2);%多元线性回归
No_Xishu=num2str(Beta');
Xishu=['多元回归模型系数为:',No_Xishu];
```

```
disp(Xishu);%在MATLAB命令窗口输出系数向量
R=sqrt(stats(1,1));
No_XGXS=num2str(R);
XGXS=['多元回归相关系数为:',No_XGXS];
disp(XGXS);%在MATLAB命令窗口输出相关系数
figure(1)%绘制每个自变量与因变量的散点图
subplot(b-1,1,1)
plot(Data_1(:,1),Data_1(:,b))
xlabel('X-axis');
ylabel('Y-axis');
title('因变量与自变量1');
subplot(b-1,1,2)
plot(Data_1(:,2),Data_1(:,b))
xlabel('X-axis');
ylabel('Y-axis');
title('因变量与自变量2');
...%可根据自变量的数目继续绘制图形
figure(2)
rcoplot(r,rint)%绘制残差图
xlabel('数据点');
ylabel('残差');
title('残差估计图');
```

2.3　一元线性回归分析实例

　　一元线性回归分析是最常见、最实用的太赫兹光谱分析方法之一，在油气资源和环境污染的太赫兹光谱表征评价中，一元线性回归模型可有效分析样本物理性质与太赫兹光学参数间的相互关系，并可利用所建立的线性回归模型对未知样本的该物性进行定量表征。下面就将通过几个太赫兹光谱表征的实例对一元线性回归分析方法的应用思路、流程和技巧进行说明。

　　【例2.1】　　目前，我国的主要油田多采用驱替方式对石油进行开发，因此，所开采原油多为高含水原油。事实上，原油中水含量的多少对石油工程和石油化工中的重要环节（如开采工艺、管道腐蚀、流变特性、加工工艺等）均有重要影响，含水率的准确、快速检测具有重要意义，并贯穿于石油工程和石油化工的多个流程。油、水在太赫兹波段均有明显响应，且响应的强弱存在显著差别，这是太赫兹用于检测高含水原油含水率的理论基础。

利用太赫兹时域光谱仪对体积浓度为 50%～100%的多个巴西原油样本进行测试，测得其太赫兹时域谱如图 2-3 中插图所示，实验中为减少随机误差，对样本上的多个位置进行测试，提取其太赫兹时域峰值并计算平均值，其散点的分布如图 2-3 所示。为分析不同含水率对太赫兹响应的影响，试建立太赫兹时域峰值 y 与原油含水率 x 的函数关系模型，检验模型的可信度，并预测时域信号峰值为 0.0785V 和 0.1263V 的高含水巴西原油的含水率。

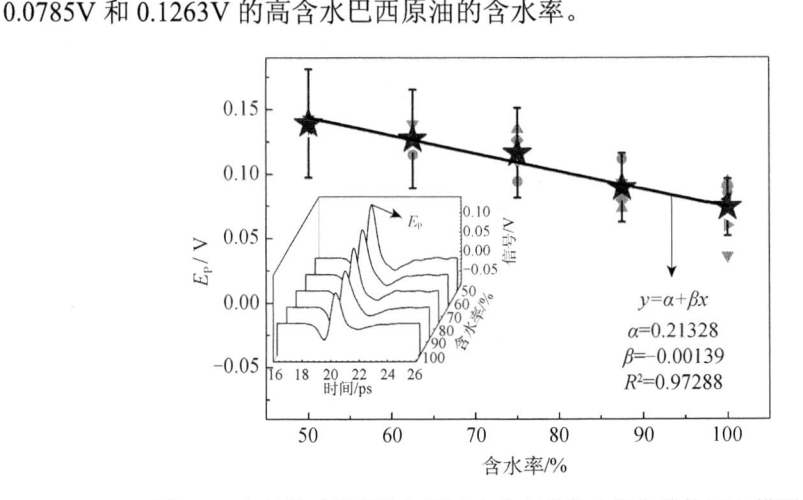

图 2-3　太赫兹时域峰值与原油含水率的散点图及线性回归模型

插图表示样本的太赫兹时域谱[12]；含水率为体积分数

分析：该问题的关键在于确定太赫兹时域峰值 y 与原油含水率 x 的相互关系，从散点分布可初步预测其存在线性关系。假设回归模型为 $y = \alpha + \beta x$，根据式(2-41)关于 β、α 的求解方式，利用 MATLAB 软件运行小结 2.2.2 中所述的一元线性回归模型分析程序，输出如下：

一元线性方程的斜率为-0.00139；

一元线性方程的截距为0.21328；

一元线性方程为 $y = 0.21328 - 0.00139x$；

回归模型的相关系数为0.98978。

结果表明，回归模型的相关系数接近于 1，说明所建立的一元线性回归模型可信度较高，太赫兹时域峰值与高含水巴西原油的含水率线性相关，且两者的关系可量化成 $y = 0.21328 - 0.00139x$。为预测未知原油的含水率，将 $y = 0.0785$ 及 0.1263 代入方程 $y = 0.21328 - 0.00139x$，可分别求得 $x = 96.96$ 和 62.58，即所述的两个巴西原油样本的体积含水率分别为96.96%和62.58%。

【例 2.2】　在间距工地的现场施工过程中，由于地基开挖、旧建筑物拆除、填土、推土等大规模作业及现场车辆和施工人员活动等原因会扬起大量灰尘，例如，建筑施工材料的风蚀扬尘；施工现场作业产生扬尘；施工时运输车辆引起交通道路扬尘。其中，风蚀扬尘占建筑扬尘总排放量的60%左右，是建筑扬尘的最主要来源。通过对国内许多城市大气颗粒物污染物来源分析发现，建筑施工扬尘是PM2.5的重要来源之一。为严格控制建筑工地扬尘污染，2000年《中华人民共和国大气污染防治法》首次出现了控制城市和建筑施工现场扬尘的相关内容。随后各级政府也陆续出台了关于控制建筑施工扬尘的法规。鉴于扬尘环境中PM2.5对大气污染程度的重要影响，基于太赫兹光谱的扬尘PM2.5表征对监测污染程度的实时监测具有重要意义。

利用标准的空气采集器对河北某建筑工地现场的空气进行采集，由于采集器内部装有PM10和PM2.5的切割头，PM2.5颗粒将最终附于石英滤膜上。对空滤膜及附有扬尘PM2.5的石英滤膜进行太赫兹时域光谱测试，得到不同质量PM2.5的太赫兹时域谱，如图2-4中的插图所示，由于PM2.5对太赫兹辐射存在吸收效应，相比于空滤膜，带有PM2.5滤膜的太赫兹时域峰值有所减小。提取所有PM2.5样本的太赫兹时域峰值，并对应PM2.5的质量(由高精度电子天平称量获得)，其峰值-质量分布如图2-4中散点所示。

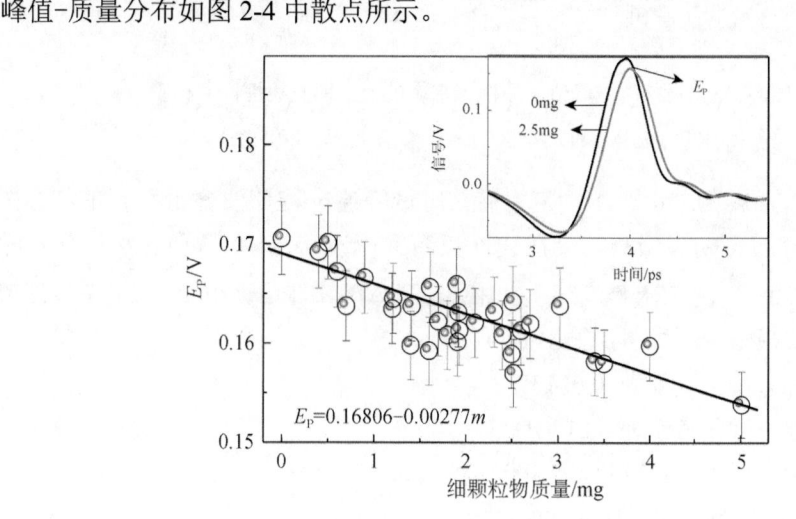

图2-4　扬尘环境下PM2.5样本的太赫兹时域幅值与其质量的一元线性回归模型
插图为空滤膜和附有2.5mg PM2.5滤膜的太赫兹时域谱[13]

为讨论太赫兹光谱响应与PM2.5质量间的定量关系，首先令x表示扬尘环境下PM2.5的质量，y为携带不同质量PM2.5滤膜的太赫兹时域峰值，可以先从x和y的散点图上直观地观察它们之间的关系，然后作进一步的分析。

如图2-4所示，散点图表明x和y的线性趋势较为明显，可以利用一元线性

方程 $y = \alpha + \beta x$ 进行建模，采用式(2-41)计算线性方程的回归系数 α 与 β。运行一元线性回归的 MATLAB 计算程序，可建立太赫兹时域峰值 y 与 PM2.5 质量 x 的定量关系：$y = 0.16806 - 0.00277x$。从相关系数看，太赫兹时域峰值的拟合值 y_i' 与观测值 y_i 的线性相关系数为 0.7954，说明所建立的一元线性回归模型具有一定的可信度。但该相关系数小于 0.8，说明太赫兹响应与 PM2.5 质量之间的定量模型还需进一步优化。例如，更加规范样品采集、光谱测试等过程，并采用数据量更大的 PM2.5 样本进行分析，以获得可信度更高的回归模型。

【例 2.3】　低含盐、含水油品的物性表征。

在石油化工领域，油品在加工前往往需要先进行脱盐和脱水处理，油品中盐分和水对管道腐蚀会产生重要影响，不利于管道运输以及输油管的长期使用。在油田现场，经常要求脱盐和脱水处理后油品的含盐量和含水量低于某个固定值，因此，准确检测盐含量和水含量的数值显得十分重要。由于分子集体振动的模式及强度差异，油、水、盐在太赫兹波段的光谱响应存在明显差异，其中尤以水的振动最为强烈。

在三个不同试管中加入 10mL 0#柴油，分别加入不同高纯度 NaCl，质量分别为 0mg、20mg、50mg，随后逐步加入不同体积的去离子水并适时测试油，水、盐混合物的太赫兹时域光谱。测试结束后，分别提取各样本的太赫兹时域峰值，得到不同含盐油品的时域峰值与含水量在二维坐标系中的位置分布，如图 2-5 的散点所示。

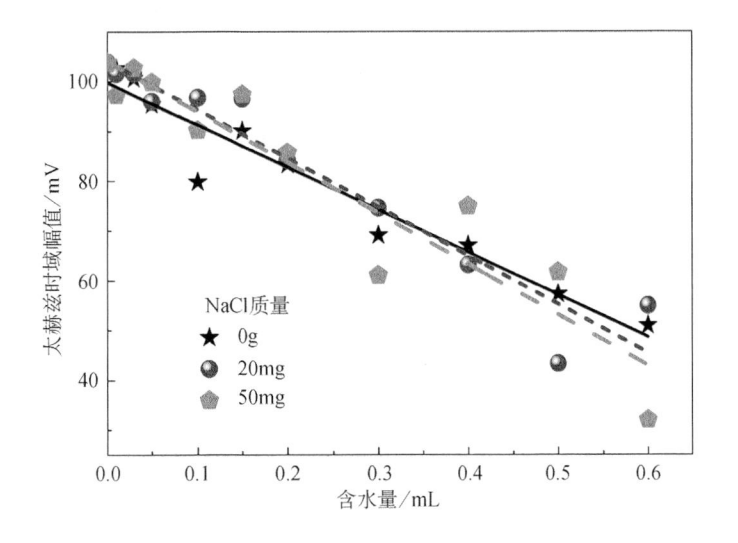

图 2-5　太赫兹时域峰值与含水量的散点图及一元线性回归模型

根据第 1 章所述，将所有样本的太赫兹时域谱进行快速傅里叶变换，得到样本的太赫兹频域谱，利用吸收系数计算公式可获得各样品在太赫兹有效频段内的吸收系数谱，并对该频段内的吸收系数求平均值，提取每个样本的平均吸收系数并与样本的含水量一一对应，得到平均吸收系数与不同含盐油品含水量的散点图，见图 2-6。

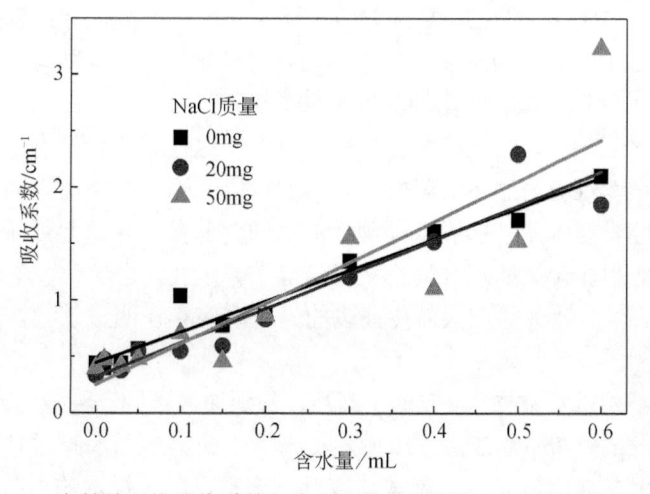

图 2-6　太赫兹平均吸收系数与含水量的散点图及一元线性回归模型

分析：由于水在太赫兹波段的响应极其强烈，远强于油、盐的太赫兹响应强度。在例 2-1 中已证明太赫兹光学参数与原油含水率存在明显的线性关系，因此，可初步推断该实验中太赫兹参数与含水量之间亦存在线性关系，通过散点的整体分布亦可证明这一点。同时，由于 NaCl 的影响，含盐不同时线性回归模型的回归系数与相关系数有所差异，据此可推断油品中盐分含量对太赫兹光学参数的影响。

根据式 (2-41) 及 MATLAB 线性回归计算程序，最终得到含盐为 0mg、20mg、50mg 时油品太赫兹光学参数与含水量线性模型的回归系数和相关系数，相关详细数值见表 2-1。

表 2-1　不同含盐量油品的太赫兹光学参数与含水量线性模型的回归系数和相关系数

Nacl 质量	太赫兹时域峰值分析			太赫兹平均吸收系数分析		
	截距 α/mV	斜率 β/(mV/mL)	相关系数	截距/cm^{-1}	斜率/(cm^{-1}/mL)	相关系数
0mg	99.77	−85.17	0.9659	0.4422	2.7412	0.9763
20mg	104.11	−97.69	0.9615	0.3154	3.0363	0.9576
50mg	104.12	−101.89	0.9320	0.2504	3.6101	0.8878

由表 2-1 可以看出，对于含盐为 0mg、20mg、50mg 的系列油品混合物，基于太赫兹时域峰值分析的一元线性回归方程分别为

$$\begin{cases} y = 99.77 - 85.17x \\ y = 104.11 - 97.69x \\ y = 104.12 - 101.89x \end{cases} \tag{2-44}$$

基于太赫兹平均吸收系数的一元线性回归方程分别为

$$\begin{cases} y = 0.4422 + 2.7412x \\ y = 0.3154 + 3.0363x \\ y = 0.2504 + 3.6101x \end{cases} \tag{2-45}$$

因此，随着盐含量的增加，两种线性回归模型的斜率参数的绝对值均增大，说明含盐量越高，则太赫兹光学参数随含水率增加的变化速率越快，同时，盐含量增加时，对应的线性回归模型的相关系数减小，说明盐分的存在对线性模型产生了不同程度的干扰。综上所述，油品中水和盐分均会影响太赫兹波吸收，若利用人工神经网络法，可同时对含盐量和含水量进行定量表征，相关内容将在第 6 章作详细介绍。

2.4　多元线性回归分析实例

在分析太赫兹光学参数与被测样本多个物性之间的相关关系时，常利用多元回归分析模型。在 MATLAB 工具箱中，regress 函数可用于多元线性回归分析，下面将通过实例来讨论该函数在多元线性回归分析中的应用。

【例 2.4】　尽管目前的工业能源结构逐渐多元化，但煤炭依然是世界上分布最广阔的化石能源，也是能源消费的主体。对于不同地区开采的煤炭，其成分和分类也有所差异。氢、氮等元素是煤炭的重要组成元素，挥发分是评价煤质的关键指标，如无烟煤、烟煤、褐煤等不同煤质分类就是由挥发分的含量判定的。

选用国家煤炭质量监督检验中心提供的煤炭标准物质，其组分含量已知，煤炭经过简单处理后进行太赫兹光谱测试，测得 9 个煤炭物质的太赫兹时域谱，经过计算后可得到太赫兹频段内的吸收谱，提取 1.0THz 频率处样本的吸光度作为回归模型的因变量。将煤炭样本的物性参数与太赫兹吸光度进行汇总，得到表 2-2。试分析主要元素(氢、氮)含量及所有物性参数(氢含量、氮含量、挥发分)与太赫兹吸光度的多元回归模型。

表 2-2　煤炭的物性参数与 1.0THz 频率处吸光度的取值

煤炭编号	氢含量/%	氮含量/%	挥发分/%	太赫兹吸光度
1	4.7	1.41	33.97	1.02735
2	4.21	1.4	22.19	1.46141
3	2.66	0.98	9.99	3.45132
4	2.14	0.92	5.58	6.7317
5	3.91	0.94	29.43	2.04002
6	2.98	0.96	18.34	2.54818
7	3.97	1.11	29.96	1.81681
8	2.87	1.06	10.96	1.78137
9	0.95	0.24	5.82	8.77517

先将氢含量和氮含量作为输入变量，利用 MATLAB 软件运行小节 2.2.2 的程序代码，输出如下：

```
Beta=
                10.1458
                -1.5780
                -1.8714
bint=
        6.7876    13.5040
       -3.6340     0.4781
       -8.9245     5.1817
r=
                 0.9367
                 0.5789
                -0.6631
                 1.6845
                -0.1768
                -1.0987
                 0.0129
                -1.8519
                 0.5776
rint=
       -1.6281     3.5016
       -2.1855     3.3433
       -3.6038     2.2777
       -0.2316     3.6005
       -2.5174     2.1639
       -4.0356     1.8382
```

$$-2.9477 \quad 2.9734$$
$$-4.0601 \quad 0.3562$$
$$-1.0177 \quad 2.1729$$

stats=

$$0.8334 \quad 15.0100 \quad 0.0046 \quad 1.5819$$

结果表明，$y = 10.1458 - 1.57799x_1 - 1.87137x_2$，此时 $R = 0.91292$，多元线性回归模型成立。数据的散点图及回归模型的残差图分别如图 2-7 和图 2-8 所示。

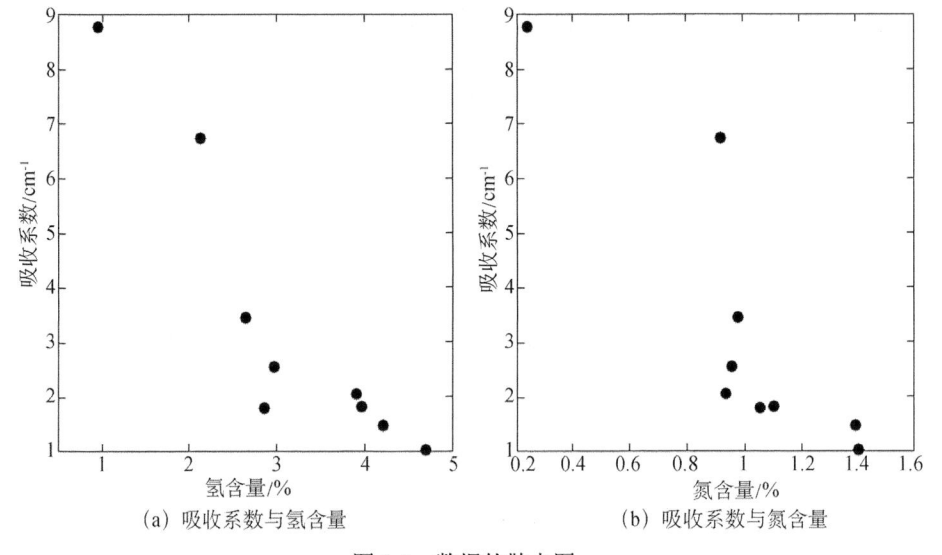

（a）吸收系数与氢含量　　　　　　　（b）吸收系数与氮含量

图 2-7　数据的散点图

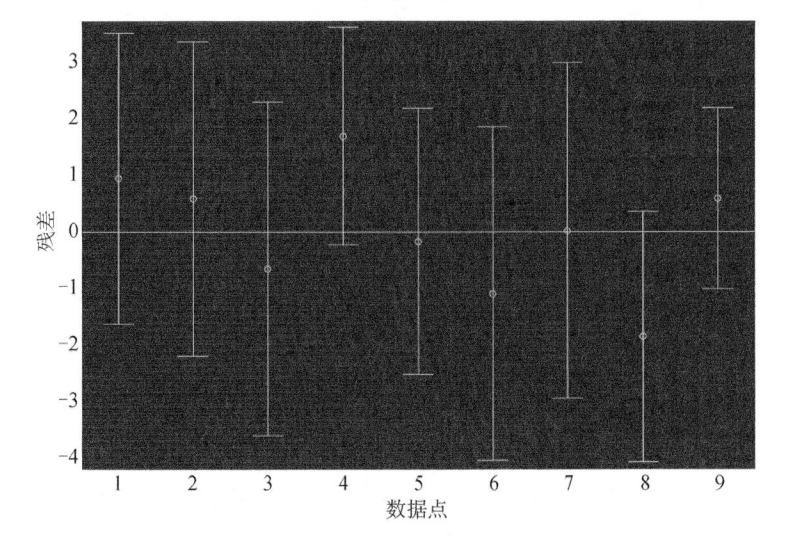

图 2-8　回归模型的残差图

此外，将氢含量、氮含量、挥发分等参数全部作为输入变量，以太赫兹吸光度作为因变量，进行回归系数估计。运行 MATLAB 程序代码，可得到输出结果如下：

```
Beta=
                        10.7915
                        -4.8487
                        3.94772
                        0.20787
bint=
                6.6544      14.9285
               -15.2093      5.5118
               -15.5993     23.4947
                -0.4353      0.8511
r=
                        0.3971
                        0.9435
                        -0.3879
                        1.5247
                        0.3784
                        -1.3963
                        -0.3351
                        -1.5571
                        0.4327
rint=
               -1.9486      2.7428
               -1.6425      3.5296
               -3.5450      2.7691
               -0.5785      3.6279
               -1.2832      2.0401
               -4.2118      1.4192
               -3.3335      2.6632
               -3.9745      0.8602
               -1.3019      2.1673
stats=
            0.8536     9.7200     0.0158     1.6680
```

因此，$y = 10.7915 - 4.84875x_1 + 3.94772x_2 + 0.20787x_3$，此时 $R = 0.92392$，多元线性回归模型的可信度较高。基于氢含量、氮含量和挥发分的多元回归模型的数据散点图及回归模型的残差图分别如图 2-9 和图 2-10 所示。综上所述，在进行线性回归分析时，不仅要关注线性模型的形式和参数，建立物性参数和太赫兹光学参数的定量模型，还要关注该模型是否"真实"，即准确地计算线性回归模型的相关误差系数，并基于此判定模型的可信度估计尽可能精确的模型。

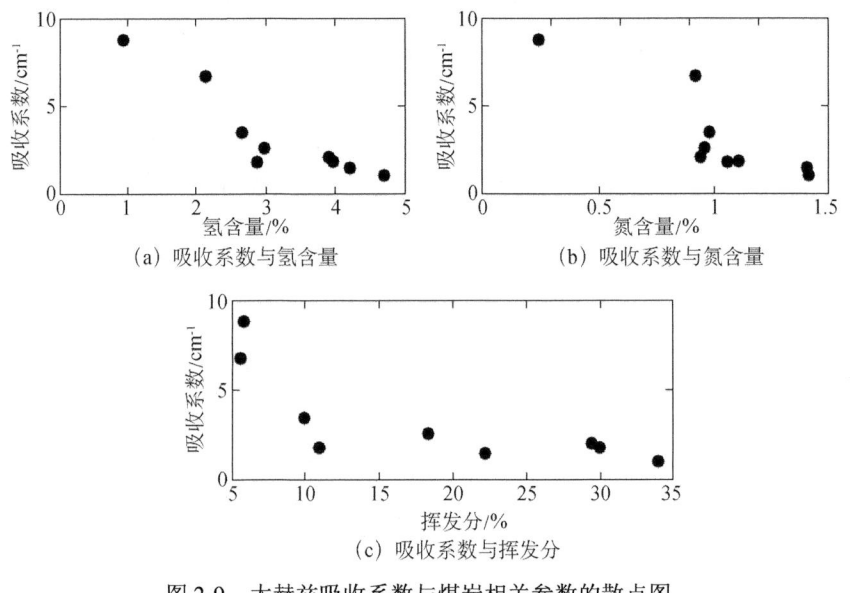

(a) 吸收系数与氢含量　　　　　　(b) 吸收系数与氮含量

(c) 吸收系数与挥发分

图 2-9　太赫兹吸收系数与煤炭相关参数的散点图

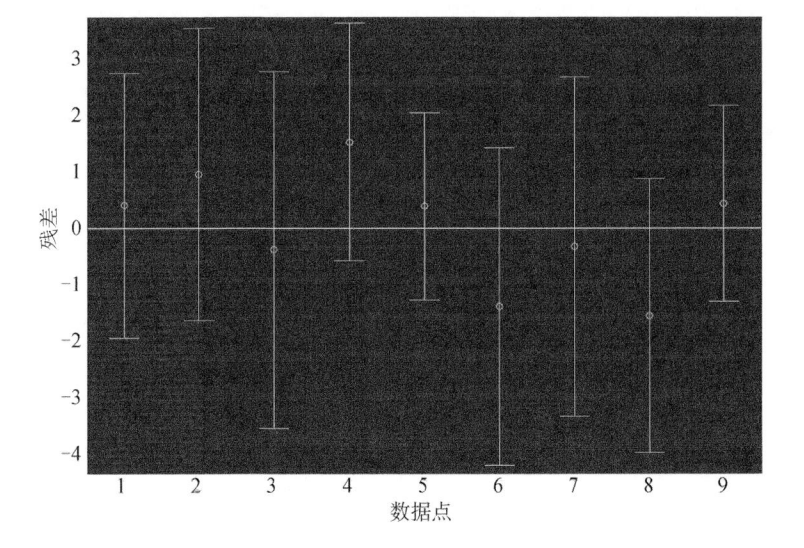

图 2-10　回归模型残差图

  线性回归分析过程中需要掌握的内容包括回归模型的表达形式、模型的基本假定、模型的估计、模型的检验及利用回归结果进行预测。首先，根据样本物性参数的数量及其与太赫兹光学参数的散点分布，初步估计是否存在线性关系及线性模型为一元线性回归还是多元线性回归；其次，基于样本数据采用最小二乘估计得到模型参数的估计值，然后对模型和回归系数进行假设检验，从而判断自变量对因变量的影响是否显著，这一步可通过本章中笔者自编的 MATLAB 程序或 MATLAB 工具箱中特定函数实现；然后，在模型拟合评价时，计算判定系数 R^2 或相关系数 R，可利用 MATLAB 工具箱中 corrcoef 函数实现，以判断回归模型的拟合优度，R^2 或 R 越大，表明回归直线拟合得越好，意味着回归模型对数据的解释能力越强；最后，基于所建立的模型，一方面可利用同系列中已知自变量和因变量但未用于模型建立的样本对回归模型进行检验，另一方面可利用回归模型对已知自变量或已知因变量的样本进行参数预测，实现对未知样本的表征和评价。

第 3 章　主成分分析

3.1　引论

　　主成分分析(principal component analysis, PCA)是一种常见的统计分析方法，首先是由卡尔·皮尔森(Karl Pearson)在 1901 年针对非随机变量提出的，后由哈罗德.霍特林(Harold Hotelling)在 1933 年进行了发展，将此方法推广到随机向量的情形。主成分分析是一种通过正交变换将一组可能存在相关性的多个变量转化为少数线性不相关变量的多元分析方法，转化后的这组变量称为主成分。这些主成分能反映原始变量的大部分信息，通常表示为原始变量的线性组合。这些主成分之间互不相关，因此主成分所包含的信息互不重叠。此外，主成分拟合了数据中在统计学上显著的方差和随机测量误差，它可以尽可能提出主成分中的随机误差，从而降低复杂问题的维数，并且最小化测量误差的影响。

　　在实际应用中，为了全面分析问题，往往提出很多与此相关的变量，因为每个变量都在不同程度上反映了研究对象的某些信息。例如，在对一系列样本(如不同油田的原油)进行太赫兹时域光谱检测的过程中，为了尽可能反映研究对象与太赫兹波的相互作用关系，将对太赫兹时域谱进行进一步处理，得到太赫兹频段内的折射率谱、吸光度谱或吸收系数谱，该频段内含有若干个频率，每个频率处的光学参数都是反映样本原始信息的变量，且变量之间可能存在一定的相关关系，因此，将太赫兹有效频段内的光学参数进行降维，利用主成分综合分析样本的原始信息显得十分重要。本章的主要内容包括：主成分分析原理、主成分分析的 MATLAB 实现、主成分分析应用实例等。

3.2 主成分分析原理

3.2.1 主成分分析的几何意义

主成分分析的基本思想是：设法将原来众多具有一定相关性的指标重新组合成一组新的不相关的综合指标来代替原来的指标，作为新的综合指标。常用的做法是选取线性组合的方差来表达，方差越大，表示该组合包含的信息越多，第一个线性组合的方差是最大的，故称为第一主成分，其包含的信息也最多。如果第一个主成分还不足以代表样本的原始信息，再考虑选取第一个线性组合，为了有效反映原始信息，第一个线性组合已经反映的信息就不需要再出现在第二个线性组合了，因此，第二个线性组合的方差小于第一个线性组合的方差，以此类推，可构建第三、第四及更多个主成分，每个主成分的方差逐渐减小。

为了更直观地体现主成分分析的降维思想及主成分的方差评价，用一个简单的举例来说明在二维空间中分析主成分的几何意义。假设二元总体 $\boldsymbol{x} = (x_1, x_2)'$ 中样本观测值的散点分布如图 3-1 所示，散点大致分布于一个椭圆内，x_1 与 x_2 呈现明显的线性相关性，所有样本在 x_1 与 x_2 方向具有相似的离散度，离散度可用 x_1 与 x_2 的方差来描述，其方差的差值较小，x_1 和 x_2 所包含信息量的大小近似相等，若丢掉其中任何一个变量，都会丢失较多的样本信息。若将图中坐标轴按逆时针旋转一个角度 θ，使 x_1 旋转到椭圆的长轴方向 y_1，x_2 旋转到椭圆的短轴方向 y_2，此时有

$$\begin{cases} y_1 = x_1 \cos\theta + x_2 \sin\theta \\ y_2 = -x_1 \sin\theta + x_2 \cos\theta \end{cases} \tag{3-1}$$

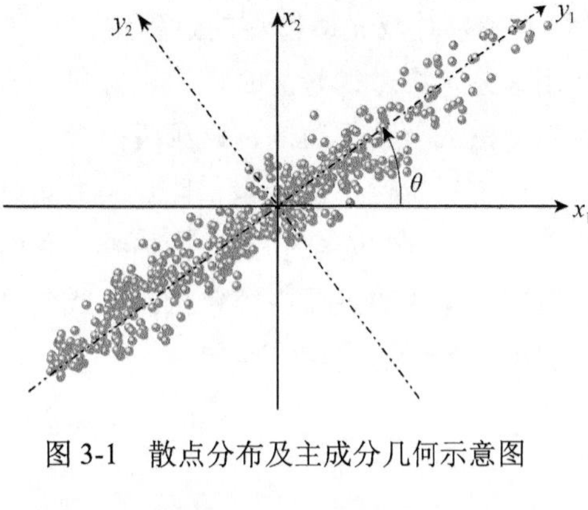

图 3-1 散点分布及主成分几何示意图

从图 3-1 中可以看到，散点在新坐标系下的坐标 y_1 和 y_2 几乎不相关，相比之

下 y_1 的方差要比 y_2 的方差大得多，即 y_1 包含了原始数据的大部分信息，y_2 只包含了原始数据的极少部分信息，若丢掉变量 y_2，样本原始数据中丢失的信息也较少。因此，可将 y_1 称为第一主成分，y_2 称为第二主成分。为了直接快速地研究该系列样本所包含的信息，选择 y_1 变量能将信息的损失降低到最小。

为了更直观地理解主成分分析方法，可把主成分分析的过程看作是坐标系旋转的过程，新坐标系的坐标轴方向是原始数据方差较大的代表性方向，新旧坐标系的转换关系式就是各主成分的表达式[14]。

3.2.2 主成分分析的代数模型

将上述 2 个变量推广到多元变量情况。假设有 n 个观测对象，观测对象有 p 个变量，分别用 X_1，X_2，$\cdots$，X_p 表示，这 p 个变量构成的 p 维随机向量为 $X = (X_1, X_2, \cdots, X_p)'$，协方差矩阵为

$$\sum = \begin{bmatrix} \sigma_{11} & \sigma_{12} & \cdots & \sigma_{1p} \\ \sigma_{21} & \sigma_{22} & \cdots & \sigma_{2p} \\ \vdots & \vdots & & \vdots \\ \sigma_{p1} & \sigma_{p2} & \cdots & \sigma_{pp} \end{bmatrix} \tag{3-2}$$

对 X 进行线性变化，得到原始变量的线性组合：

$$\begin{cases} Y_1 = \mu_{11}X_1 + \mu_{12}X_2 + \cdots + \mu_{1p}X_p \\ Y_2 = \mu_{21}X_1 + \mu_{22}X_2 + \cdots + \mu_{2p}X_p \\ \qquad\cdots\cdots \\ Y_p = \mu_{p1}X_1 + \mu_{p2}X_2 + \cdots + \mu_{pp}X_p \end{cases} \tag{3-3}$$

主成分是不相关的线性组合，对于变换后变量 Y_1，Y_2，$\cdots$，Y_p，Y_1 是 X_1，X_2，$\cdots$，X_p 的线性组合中方差最大的变量，Y_2 是与 Y_1 不相关的线性组合中方差最大的变量，以此类推，Y_k 是与 Y_1，Y_2，$\cdots$，Y_{k-1} 都不相关的线性组合中方差最大者。限制 μ_i 为单位向量，即 $\mu_i'\mu_i = \mu_{i1}^2 + \mu_{i2}^2 + \cdots + \mu_{ip}^2 = 1$。此时有

第一主成分 $Y_1 = \mu_1'X$，在 $\mu_1'\mu_1 = 1$ 时，$\text{var}(\mu_1'X)$=最大；

第二主成分 $Y_2 = \mu_2'X$，在 $\mu_2'\mu_2 = 1$ 和 $\text{cov}(\mu_1'X, \mu_2'X)$=0 时，$\text{var}(\mu_2'X)$ 最大；

第 i 主成分 $Y_i = \mu_i'X$，在 $\mu_i'\mu_i = 1$ 和 $\text{cov}(\mu_k'X, \mu_i'X)$=0 $(k<i)$ 时，$\text{var}(\mu_i'X)$ 最大。

3.2.3　总体的主成分

1. 主成分的求解

设 $x = (x_1, x_2, \cdots, x_p)'$ 为一个 p 维总体，且 x 的期望和协方差矩阵均存在且已知，期望 $E(x) = \mu$，$\mathrm{var}(x) = \Sigma$，式 (3-3) 所示的线性变换可简单写成：

$$\begin{cases} y_1 = a_1' x \\ y_2 = a_2' x \\ \cdots\cdots \\ y_p = a_p' x \end{cases} \tag{3-4}$$

式中，a_1，a_2，$\cdots$，a_p 均为单位向量。如上所述，需要求解 a_1，使 y_1 的方差达到最大。

设 $\lambda_1 \geqslant \lambda_2 \geqslant \cdots \geqslant \lambda_p \geqslant 0$ 为 Σ 的特征值，t_1，t_2，$\cdots$，t_p 为各特征值对应的正交单位特征向量，此时有

$$\Sigma t_i = \lambda_i t_i, \ t_i' t_i = 1, \ t_i' t_j = 0, \quad i \neq j; \ i, j = 1, 2, \cdots, p$$

由于

$$\Sigma = T \Lambda T' = \sum_{i=1}^{p} \lambda_i t_i t_i' \tag{3-5}$$

式中，$T = (t_1, t_2, \cdots, t_p)$ 为正交矩阵；Λ 为对角线元素为 λ_1，λ_2，$\cdots$，λ_p 的对角阵。

针对 y_1，其方差为

$$\mathrm{var}(y_1) = \mathrm{var}(a_1' x) = a_1' \, \mathrm{var}(x) a_1 = \sum_{i=1}^{p} \lambda_i a_1' t_i t_i' a_1$$

$$= \sum_{i=1}^{p} \lambda_i (a_1' t_i)^2 \leqslant \sum_{i=1}^{p} \lambda_1 (a_1' t_i)^2 = \lambda_1 a_1' \left(\sum_{i=1}^{p} t_i t_i' \right) a_1$$

$$= \lambda_1 a_1' T T' a_1 = \lambda_1 a_1' a_1 = \lambda_1 \tag{3-6}$$

由式 (3-6) 可知，当 $a_1 = t_1$ 时，$y_1 = t_1' x$ 的方差最大，最大值等于 λ_1，则称 $y_1 = t_1' x$ 为第一主成分。在实际应用中，第一主成分还往往不足以反映原始数据中的绝大部分信息，这时需要计算第二主成分。对于第二主成分，由

$$\mathrm{cov}(y_1, y_2) = \mathrm{cov}(t_1' x, a_2' x) = t_1' \Sigma a_2 = a_2' \Sigma t_1 = \lambda_1 a_2' t_1 = 0 \tag{3-7}$$

则 $a_2' t_1 = 0$，因此，

$$\mathrm{var}(y_2) = \mathrm{var}(\boldsymbol{a}_2'\boldsymbol{x}) = \boldsymbol{a}_2'\,\mathrm{var}(\boldsymbol{x})\boldsymbol{a}_2 = \sum_{i=1}^{p}\lambda_i \boldsymbol{a}_2'\boldsymbol{t}_i\boldsymbol{t}_i'\boldsymbol{a}_2$$

$$= \sum_{i=2}^{p}\lambda_i(\boldsymbol{a}_2'\boldsymbol{t}_i)^2 \leqslant \sum_{i=2}^{p}\lambda_2(\boldsymbol{a}_2'\boldsymbol{t}_i)^2 = \lambda_2\boldsymbol{a}_2'(\sum_{i=1}^{p}\boldsymbol{t}_i\boldsymbol{t}_i')\boldsymbol{a}_2$$

$$= \lambda_2\boldsymbol{a}_2'\boldsymbol{T}\boldsymbol{T}'\boldsymbol{a}_2 = \lambda_2\boldsymbol{a}_2'\boldsymbol{a}_2 = \lambda_2 \tag{3-8}$$

当 $\boldsymbol{a}_2 = \boldsymbol{t}_2$ 时，$y_2 = \boldsymbol{t}_2'\boldsymbol{x}$ 的方差达到最大，最大值为 λ_2，称 $y_2 = \boldsymbol{t}_2'\boldsymbol{x}$ 为第二主成分。类似的，在约束 $\mathrm{cov}(y_k, y_i) = 0\ (k = 1, 2, \cdots, i-1)$ 下可得，当 $\boldsymbol{a}_i = \boldsymbol{t}_i$ 时，$y_i = \boldsymbol{t}_i'\boldsymbol{x}$ 的方差达到最大，最大值为 λ_i，将 $y_i = \boldsymbol{t}_i'\boldsymbol{x}(i = 1, 2, \cdots, p)$ 称为第 i 主成分。

2. 主成分的性质

主成分是原始变量的线性组合，所有主成分反映了原始变量的全部信息，均互不相关。如前所述，假设随机向量 $\boldsymbol{x} = (x_1, x_2, \cdots, x_p)'$ 的协方差矩阵为 $\boldsymbol{\Sigma}$，$\lambda_1 \geqslant \lambda_2 \geqslant \cdots \geqslant \lambda_p \geqslant 0$ 为 $\boldsymbol{\Sigma}$ 的特征值，$\boldsymbol{t}_1, \boldsymbol{t}_2, \cdots, \boldsymbol{t}_p$ 为各特征值对应的正交单位特征向量，$y_1 = \boldsymbol{t}_1'\boldsymbol{x}$，$y_2 = \boldsymbol{t}_2'\boldsymbol{x}$，$\cdots$，$y_p = \boldsymbol{t}_p'\boldsymbol{x}$ 是主成分，那么主成分具有以下性质：

1）主成分向量的协方差矩阵为对角阵：

$$\boldsymbol{y} = \begin{bmatrix} \boldsymbol{t}_1'\boldsymbol{x} \\ \boldsymbol{t}_2'\boldsymbol{x} \\ \vdots \\ \boldsymbol{t}_p'\boldsymbol{x} \end{bmatrix} = (\boldsymbol{t}_1, \boldsymbol{t}_2, \cdots, \boldsymbol{t}_p)'\boldsymbol{x} = \boldsymbol{T}'\boldsymbol{x} \tag{3-9}$$

那么

$$\mathrm{cov}(\boldsymbol{y}) = \mathrm{cov}(\boldsymbol{T}'\boldsymbol{x}) = \boldsymbol{T}'\,\mathrm{cov}(\boldsymbol{x})\boldsymbol{T} = \boldsymbol{T}'\boldsymbol{\Sigma}\boldsymbol{T} = \boldsymbol{\Lambda} \tag{3-10}$$

则主成分向量的协方差矩阵为对角阵 $\boldsymbol{\Lambda}$，其中，$\boldsymbol{\Lambda} = \mathrm{diag}(\lambda_1, \lambda_2, \cdots, \lambda_p)$。

2）主成分的总方差等于原始变量的总方差

记 $\boldsymbol{\Sigma} = (\sigma_{ij})_{p \times p}$，则有

$$\sum_{i=1}^{p}\mathrm{var}(y_i) = \sum_{i=1}^{p}\lambda_i = \mathrm{tr}(\boldsymbol{\Sigma}) = \sum_{i=1}^{p}\sigma_{ii} = \sum_{i=1}^{p}\mathrm{var}(x_i) \tag{3-11}$$

因此，原始数据的总方差等于 p 个互不相关的主成分的方差之和，进一步说明所有互不相关的主成分包含了原始数据中的全部信息，与原始数据不同的是，主成分所包含的信息更为集中。

定义总方差中第 k 个主成分 y_k 的方差所占的比例为第 k 个主成分的贡献率，记

$$P_k = \frac{\lambda_k}{\sum\limits_{i=1}^{p} \lambda_i} \quad (k = 1, 2, \cdots, p) \tag{3-12}$$

主成分的贡献率体现了主成分综合原始变量信息的能力或解释原始变量的能力，根据式(3-12)，主成分的贡献率依次递减，则主成分综合原始变量信息的能力依次递减，其中，第一主成分的贡献率最大，综合原始变量信息的能力最强，在实际应用中第一主成分是评价样本的第一选择。将前 m 个主成分的方差和在全部方差中所占的比例 $\sum\limits_{i=1}^{m} \lambda_i \Big/ \sum\limits_{j=1}^{p} \lambda_j$ 称为前 m 个主成分的累计贡献率。在对样本进行主成分分析时，往往利用尽可能少的主成分替代原始变量，累计贡献率则是确定主成分个数的重要参考，一般选择累计贡献率超过85%的前 k 个主成分，在大多数情况下前 $1 \sim 3$ 个主成分就能达到85%的累计贡献率。这样，选择前几个主成分用于分析就在几乎不丢失原始信息的前提下达到降维的目的。

3)原始变量 x_i 与主成分 y_i 之间的相关系数 $\rho(x_i, y_i)$ 与标准特征向量的系数 $t_{ij}(i, j=1, 2, \cdots, p)$ 成比例。

由于 $\boldsymbol{y} = \boldsymbol{T'x}$ ，则 $\boldsymbol{x} = \boldsymbol{Ty}$ ，于是有

$$x_i = t_{i1}y_1 + t_{i2}y_2 + \cdots + t_{ip}y_p \tag{3-13}$$

那么

$$\text{cov}(x_i, y_j) = \text{cov}(t_{ij}y_j, y_j) = t_{ij}\,\text{cov}(y_j, y_j) = t_{ij}\lambda_j \tag{3-14}$$

则

$$\rho(x_i, y_j) = \frac{\text{cov}(x_i, y_j)}{\sqrt{\text{var}(x_i)}\sqrt{\text{var}(y_j)}} = \frac{\sqrt{\lambda_j}}{\sqrt{\sigma_{ii}}}t_{ij}, \quad i, \ j = 1, 2, \cdots, p \tag{3-15}$$

即相关系数 $\rho(x_i, y_i)$ 与标准特征向量的系数 t_{ij} 成正比。

4)所有 p 个主成分对变量 x_i 的贡献率为1

根据式(3-15)，可得出

$$\sum_{j=1}^{m} \rho^2(x_i, y_j) = \frac{1}{\sigma_{ii}} \sum_{j=1}^{m} \lambda_j t_{ij}^2 \tag{3-16}$$

上式中所述的系数平方和为主成分 $y_1, y_2, \cdots, y_m$ 对原始变量 x_i 的方差贡献率，该贡献率反映了前 m 个主成分从变量 x_i 中提取的信息的多少。根据式(2-13)可得

$$\sigma_{ii} = \lambda_1 t_{i1}^2 + \lambda_2 t_{i2}^2 + \cdots + \lambda_p t_{ip}^2 \tag{3-17}$$

则

$$\sum_{j=1}^{p} \rho^2(x_i, y_j) = \frac{1}{\sigma_{ii}} \sum_{j=1}^{p} \lambda_j t_{ij}^2 = 1 \tag{3-18}$$

即所有主成分对原始变量的贡献率为 1。

5) 原始变量对主成分 y_i 的贡献

主成分 y_j 可表示为

$$y_j = \boldsymbol{t}_j' \boldsymbol{x} = t_{1j} x_1 + t_{2j} x_2 + \cdots + t_{pj} x_p, \quad j=1, 2, \cdots, p \tag{3-19}$$

式中，t_{ij} 为第 j 个主成分 y_j 在第 i 个原始变量 x_i 上的载荷，反映了 x_i 对 y_j 的重要程度。在实际分析过程中，有时需要根据载荷 t_{ij} 解释主成分的实际意义。

3. 由总体的相关矩阵求出成分

在某些情况下，例如当总体各变量取值的单位或数量级不同时，直接从总体协方差矩阵 $\boldsymbol{\Sigma}$ 进行主成分分析并不适合，此时一般先将各变量做标准化处理，然后从标准化变量的协方差矩阵出发计算主成分。

对原始变量 x 进行如下标准化：

$$x_i^* = \frac{x_i - E(x_i)}{\sqrt{\mathrm{var}(x_i)}}, \quad i = 1, 2, \cdots, p \tag{3-20}$$

此时，可从标准化总体 $\boldsymbol{x}^* = (x_1^*, x_2^*, \cdots, x_p^*)'$ 的协方差矩阵求解主成分，即从总体的相关系数矩阵出发求解主成分，这里，总体 $\boldsymbol{x}^*$ 的协方差矩阵就是总体 $\boldsymbol{x}$ 的相关系数矩阵。

假设总体 $\boldsymbol{x}$ 的相关系数矩阵为 $\boldsymbol{R}$，由 $\boldsymbol{R}$ 求主成分的方法和确定主成分个数的准则，实际上与从协方差矩阵 $\boldsymbol{\Sigma}$ 求主成分的方法和确定主成分个数的准则是相同的。仍假设 $\lambda_1^* \geqslant \lambda_2^* \geqslant \cdots \geqslant \lambda_p^* \geqslant 0$ 为 $\boldsymbol{R}$ 的特征值，$\boldsymbol{t}_1^*, \boldsymbol{t}_2^*, \cdots, \boldsymbol{t}_p^*$ 为各特征值对应的正交单位特征向量，则 p 个主成分为

$$y_i^* = \boldsymbol{t}_i^{*'} \boldsymbol{x}^*, \quad i = 1, 2, \cdots, p \tag{3-21}$$

类似地，记

$$\boldsymbol{y}^* = \begin{bmatrix} y_1^* \\ y_2^* \\ \vdots \\ y_p^* \end{bmatrix} = \begin{bmatrix} \boldsymbol{t}_1^{*'} \boldsymbol{x}^* \\ \boldsymbol{t}_2^{*'} \boldsymbol{x}^* \\ \vdots \\ \boldsymbol{t}_p^{*'} \boldsymbol{x}^* \end{bmatrix} = (\boldsymbol{t}_1^*, \boldsymbol{t}_2^*, \cdots, \boldsymbol{t}_p^*)' \boldsymbol{x}^* = \boldsymbol{T}^{*'} \boldsymbol{x}^* \tag{3-22}$$

需要指出的是，从相关矩阵出发所求得的主成分仍然具有如前所述的各种性质，只是形式上稍有变化，概括如下。

(1) $\boldsymbol{y}^*$ 的协方差矩阵为对角阵，即

$$\text{cov}(\boldsymbol{y}^*) = \boldsymbol{\Lambda}^* = \text{diag}(\lambda_1^*, \lambda_2^*, \cdots, \lambda_p^*) \tag{3-23}$$

(2) 主成分的总方差为

$$\sum_{i=1}^{p} \text{var}(y_i^*) = \sum_{i=1}^{p} \lambda_i^* = \text{tr}(\boldsymbol{R}) = p \tag{3-24}$$

(3) 变量 $\boldsymbol{x}_i^*$ 与主成分 y_i^* 之间的相关系数为

$$\rho(x_i^*, y_j^*) = \frac{\text{cov}(x_i^*, y_j^*)}{\sqrt{\text{var}(x_i^*)}\sqrt{\text{var}(y_j^*)}} = \sqrt{\lambda_j^*} t_{ij}^*, \quad i, j = 1, 2, \cdots, p \tag{3-25}$$

(4) 第 k 个主成分的贡献率为 λ_k^*/p，前 m 个主成分的累计贡献率为 $\dfrac{1}{p}\displaystyle\sum_{i=1}^{m}\lambda_i^*$。

(5) 前 m 个主成分 $\boldsymbol{y}_1^*$，$\boldsymbol{y}_2^*$，$\cdots$，$\boldsymbol{y}_p^*$ 对变量 $\boldsymbol{x}_j^*$ 的方差贡献率为

$$\sum_{i=1}^{m} \rho^2(x_i^*, y_j^*) = \sum_{i=1}^{m} \lambda_i t_{ij}^2 \tag{3-26}$$

3.2.4　样本的主成分

在实际问题的分析过程中，总体 $\boldsymbol{x}$ 的协方差矩阵 $\boldsymbol{\Sigma}$ 或相关系数矩阵 $\boldsymbol{R}$ 一般都是未知的，需要通过样本来进行估计。设 x_1，x_2，$\cdots$，x_n 是均值向量为 $\boldsymbol{\mu}$、协方差矩阵为 $\boldsymbol{\Sigma}$ 的 p 维总体中 n 个独立的抽样。记样本观测值矩阵为

$$\boldsymbol{X} = \begin{bmatrix} x_{11} & x_{12} & \cdots & x_{1p} \\ x_{21} & x_{22} & \cdots & x_{2p} \\ \vdots & \vdots & & \vdots \\ x_{n1} & x_{n2} & \cdots & x_{np} \end{bmatrix} \tag{3-27}$$

$\boldsymbol{X}$ 的每一行对应一个样品，每一列对应一个变量，则 $\boldsymbol{X}$ 中共包含 n 个样本，p 个变量。设 $\bar{\boldsymbol{x}} = \dfrac{1}{n}\displaystyle\sum_{i=1}^{n} x_i$ 为样本均值，那么样本协方差矩阵为

$$\boldsymbol{S} = \frac{1}{n-1}\sum_{i=1}^{n}(\boldsymbol{x}_i - \bar{x})(\boldsymbol{x}_i - \bar{x})' = (s_{ij}) \tag{3-28}$$

样本相关系数矩阵 $\boldsymbol{R}'$ 为

$$\boldsymbol{R}' = (r_{ij}) = \left(\frac{s_{ij}}{\sqrt{s_{ii}}\sqrt{s_{jj}}} \right) \tag{3-29}$$

将 $\boldsymbol{S}$ 作为 $\boldsymbol{\Sigma}$ 的估计，$\boldsymbol{R}'$ 作为 $\boldsymbol{R}$ 的估计，从 $\boldsymbol{S}$ 或 $\boldsymbol{R}'$ 出发可求得样本的主成分。假设 $\lambda_1' \geqslant \lambda_2' \geqslant \cdots \geqslant \lambda_p' \geqslant 0$ 为 $\boldsymbol{S}$ 的 p 个特征值，$\boldsymbol{t}_1'$，$\boldsymbol{t}_2'$，$\cdots$，$\boldsymbol{t}_p'$ 为各特征值对应的正

交单位特征向量，则样本的 p 个主成分为

$$y_i' = t_i' x, \quad i = 1, 2, \cdots, p \tag{3-30}$$

这时，将样品 x_i 的观测值代入第 j 个主成分，称得到的值 $y'_{ij} = t_j' x_i (i=1, 2, \cdots, n;$ $j=1, 2, \cdots, p)$ 为样品 x_i 的第 j 主成分得分。

此外，设 $\lambda_1'^* \geq \lambda_2'^* \geq \cdots \geq \lambda_p'^* \geq 0$ 为 R' 的特征值，$t_1'^*$，$t_2'^*$，$\cdots$，$t_p'^*$ 为各特征值对应的正交单位特征向量，样本的 p 个主成分为

$$y_i'^* = t_i'^* x^*, \quad i = 1, 2, \cdots, p \tag{3-31}$$

将样品 x_i 标准化后的观测值 x_i^* 代入第 j 个主成分，可得到样品 x_i 的第 j 主成分得分

$$y_{ij}'^* = t_j'^* x_i^*, \quad i = 1, 2, \cdots, n; \ j = 1, 2, \cdots, p \tag{3-32}$$

将样本主成分与总体主成分进行对比分析，两者的性质类似，可概括如下。

（1）样本总方差为

$$\sum_{i=1}^{p} s_{ii} \bigg/ \sum_{i=1}^{p} \lambda_i' \tag{3-33}$$

（2）第 k 个主成分的贡献率为

$$P_k = \frac{\lambda_k'}{\sum_{i=1}^{p} \lambda_i'} (k = 1, 2, \cdots, p) \tag{3-34}$$

前 m 个主成分的累计贡献率为

$$\sum_{i=1}^{m} \lambda_i' \bigg/ \sum_{i=1}^{p} \lambda_i'$$

（3）第 i 个主成分 y_i' 与变量 x_k 的相关系数为

$$\rho(y_i', x_k) = \frac{\sqrt{\lambda_i'}}{\sqrt{s_{kk}}} t_{ik}' \tag{3-35}$$

3.3　主成分分析的 MATLAB 实现

主成分分析的过程包括方差、协方差矩阵、特征值、特征向量、主成分、贡献率等参数的计算，若已知样本的变量参数，则逐步计算上述参数。但样本较多、变量较多时，相关参数的求解过程较为繁冗，利用计算机软件和程序是一种较高效且准确的方式，MATLAB、SPSS 等软件均可实现主成分分析，本节将介绍主

成分分析的 MATLAB 计算，包括相关函数和编程。

3.3.1 主成分分析的 MATLAB 函数

在 MATLAB 工具箱中，与主成分分析相关的 MATLAB 函数主要有 princomp 函数、pcacov 函数、pcares 函数、barttest 函数。下面将对这几个函数进行介绍。

1. princomp 函数

princomp 函数是根据样本观测值矩阵进行主成分分析，它的调用格式包括以下 4 种。

(1) [COEFF, SCORE] =princomp(X)。

根据样品观测值矩阵 X 进行主成分分析，矩阵 X 包括 n 行 p 列，每一行对应一个样品，每一列对应一个变量。MATLAB 计算后，求得输出变量 COEFF 和 SCORE，COEFF 是 p 个主成分的系数矩阵，它是一个 $p \times p$ 的矩阵，它的第 i 列是第 i 个主成分的系数向量；SCORE 是 n 个样品的 p 个主成分矩阵，它是 n 行 p 列的矩阵，每一行对应一个样品，每一列对应一个主成分，第 i 行、第 j 列元素是第 i 个样品的第 j 个主成分得分。

(2) [COEFF, SCORE, latent] =princomp(X)。

该格式返回样本的协方差矩阵特征值向量 latent，它是由 p 个特征值构成的列向量，其中特征值按降序排列，而 COEFF 和 SCORE 的构成与上述一致。

(3) [COEFF, SCORE, latent, tsquare] =princomp(X)。

该格式在上述基础上返回一个包含 n 个元素的列向量 tsquare，它的第 i 个元素是第 i 个观测对应的霍特林 T^2 统计量，描述了第 i 个观测与数据集(样本观测矩阵)的中心之间的距离，可用来寻找远离中心的极端数据。

设 $\lambda_1 \geqslant \lambda_2 \geqslant \cdots \geqslant \lambda_p \geqslant 0$ 为样本协方差矩阵的 p 个特征值，并设第 i 个样品的第 j 个主成分得分为 $y_{ij}(i=1, 2, \cdots, n; j=1, 2, \cdots, p)$，则第 i 个样品对应的霍特林 T^2 统计量为

$$T^2 = \sum_{j=1}^{p} \frac{y_{ij}^2}{\lambda_i}, \quad i=1, 2, \cdots, n \tag{3-36}$$

需要指出的是，princomp 函数对样本数据进行了中心化处理，即把 X 中的每一个元素减去其所在列的均值，相应其返回的主成分得分就是中心化的主成分得分。当 $n \leqslant p$，即样本个数小于或等于变量数时，SCORE 矩阵的第 n 列至第 p 列元素均为 0，latent 的第 n 到第 p 个元素均为 0。

(4) $[\cdots]$ =princomp$(X,$ 'econ'$)$。

在该指令中，通过设置'econ'参数，使得当 $n{\leqslant}p$ 时，只返回 latent 中的前 $n-1$ 个元素，即去掉不必要的 0 元素及 COEFF 和 SCORE 矩阵中相应的列。

2. pcacov 函数

pcacov 函数是根据协方差矩阵或相关系数矩阵进行主成分分析的调用函数，其调用格式有 3 种。

(1) COEFF=pcacov(V)。

(2) $[$COEFF, latent$]$ =pcacov(V)。

(3) $[$COEFF, latent, explained$]$ =pcacov(V)。

其中，输入参数 V 为总体或样本的协方差矩阵或相关系数矩阵，对于 p 为总体，V 是 $p{\times}p$ 的矩阵，输出参数 COEFF 是 p 个主成分的系数矩阵，它是 $p{\times}p$ 的矩阵，它的第 i 列是第 i 个主成分的系数向量。输出参数 latent 是 p 个主成分的方差构成的列向量，即 V 的 p 个特征值构成的向量，按从大到小排列。输出参数 explained 是 p 个主成分的贡献率向量，已经转化为百分比。

3. pcares 函数

MATLAB 工具箱中提供了 pcares 函数，用来重建原始数据，并求样本观测值矩阵中的每个观测的每一个分量所对应的残差。它的调用格式为

```
residuals=pcares(X,ndim)
[residuals,reconstructed]=pcares(X,dim)
```

X 是 n 行 p 列的样本观测值矩阵，它的每一行对应一个样品，每一列对应一个变量。ndim 参数用来指定所有主成分的个数，它是一个小于或等于 p 的正标量，最好取为正整数。输出参数 residuals 为一个与 X 同样大小的矩阵，其元素为 X 中相应元素所对应的残差。输出参数 reconstructed 为用前 ndim 个主成分的得分重建的观测数据，是 X 的一个近似。

4. barttest 函数

barttest 函数用于进行 bartlett 维数检验，调用格式如下：

```
ndim=barttest(X,alpha)
[ndim,rob,chisquare]=barttest(X,alpha)
```

该函数表示在 alpha 水平下检验数据矩阵 X 的非随机变化特征。ndim 是模型维数，它由一系列假设检验所确定，ndim=1 时表明数据 X 对应于每个主成分的方差是相同的，ndim=2 时表明数据 X 对应于第二主成分及其余成分的方差是相同的，以此类推。同时返回假设检验值 prob 及 χ^2 检验值。

3.3.2 主成分分析的编程

在利用 MATLB 进行主成分分析时，可在工具箱中调用相应的主成分求解函数，再配合以适当的程序，可在只提供原始数据的情况下直接输出样本的主成分信息。因此，下面将介绍利用 princomp 函数从样本观测值矩阵出发求解主成分的 MATLAB 分析过程。

程序代码如下：

```
clc
clear all
m=load('数据文件.txt');%导入数据文件
x=m';%若数据矩阵为 n 行 p 列，则删掉本行
X=zscore(x);%数据标准化
[COEFF,SCORE,latent,tsquare]=princomp(X)
gongxianlv=100*latent/sum(latent);%计算贡献率
%为了直观显示主成分分析结果，定义元胞数组 result1，存放特征值、贡献率和累计贡献率等数据
[m,n]=size(X);
result1=cell(n+1,4);
result1(1,:)={'特征值','差值','贡献率','累积贡献率'};
result1(2:end,1)=num2cell(latent);%存放特征值
result1(2:end-1,2)=num2cell(-diff(latent));%存放特征值之间的差值
result1(2:end,3:4)=num2cell([gongxianlv,cumsum(gongxianlv)]);%存放贡献率和累计贡献率
result1%在命令窗口显示分析结果
```

碳酸钠、氯化钙、碳酸钙、氯化钠 4 种物质在 6 个特征频率(1.40THz、1.51THz、1.60THz、1.73THz、1.83THz、1.88THz)处的吸收系数作为样本观测值，具体数据见表 3-1。

表 3-1　四种化合物的吸收系数　　　　　　(单位：cm^{-1})

频率/THz	碳酸钠	氯化钙	碳酸钙	氯化钠
1.40	98.625	36.653	18.807	37.635
1.51	101.81	41.480	21.787	43.356
1.60	104.29	49.729	27.095	52.142
1.73	71.785	60.711	39.709	45.148
1.83	73.359	64.745	31.933	61.910
1.88	65.354	77.833	33.377	89.904

将表 3-1 中数据以 ascii 码形式存放于后缀为.txt 文件中，运行程序。在命令窗口显示主成分表达式的系数矩阵 COEEF、主成分得分数据 SCORE、样本相关系数矩阵的特征向量 latent 和每个观测的霍特林 T^2 统计量：

```
COEFF=
    0.4397   -0.2625   -0.2804   -0.3722   -0.6947   -0.1948
    0.4438   -0.2291   -0.2927    0.5139    0.0330    0.6322
    0.4504   -0.1677   -0.2879   -0.2987    0.7100   -0.3046
    0.4271   -0.1078    0.8283   -0.2448    0.0402    0.2415
    0.4220    0.3767    0.1687    0.5824   -0.1011   -0.5497
 0.2152    0.8348   -0.1955   -0.3304   -0.0160    0.3303
SCORE=
    2.7688   -0.7978   -0.0933        0        0        0
    0.0461    0.6787    0.5899        0        0        0
   -2.5175   -0.9969   -0.0376        0        0        0
   -0.2975    1.1161   -0.4590        0        0        0
latent=
    4.6982
    1.1122
    0.1896
         0
         0
         0
tsquare=
    2.2500
    2.2500
    2.2500
    2.2500
```

命令窗口显示元胞数组，存放特征值、差值、贡献率和累积贡献率

```
result1=
    '特征值'        '差值'          '贡献率'       '累积贡献率'
    [4.6982]       [3.5860]       [78.3036]     [78.3036]
    [1.1122]       [0.9227]       [18.5370]     [96.8406]
    [0.1896]       [0.1896]       [ 3.1594]     [   100]
    [     0]       [     0]       [      0]     [   100]
    [     0]       [     0]       [      0]     [   100]
    [     0]       [     0]       [      0]     [   100]
```

由 result1 来看，前 3 个主成分的累积贡献率就达到了 100%，即代表了样本原始数据的所有信息。元胞数组的存在有助于更加直观地了解主成分分析结果。

3.4 主成分分析应用实例

主成分分析通过降维技术把太赫兹光学参数谱中几百个频率处的参数变量转化为几个主成分，并利用几个主成分替代原始数据，表征油气资源相关样本的物性信息，这样有助于抓住研究对象的主要矛盾，使问题简化。本节将介绍主成分分析方法在太赫兹光谱应用过程中的 3 个实例，便于读者更直观地了解主成分分析的特点及其分析流程。

3.4.1 吸附动力学过程研究

非常规油气储层中油气分子主要以吸附的形式存在于孔隙中，在渗透运移过程中伴随着吸附方式的变化，因此吸附是非常规油气储层研究的热点问题。但在非常规油气开采过程中，油气分子同时存在游离扩散等现象，并非单一的吸附，而是有吸附、扩散共存，相互联系也相互影响。利用具有多孔结构的活性炭和具有流体特性的液态水，以模拟扩散、吸附等现象，并基于太赫兹光谱分析结果重点讨论油气水分子运移过程中的吸附动力学。

为准确分析水分子的变化过程，随机选取有效频率范围的多个频率，提取所选频率处的太赫兹吸光度。以每个样本所对应时间为横轴，以吸光度为纵轴，得到太赫兹吸收与时间的变化关系，见图 3-2。根据每个频率处吸光度随时间变化的总体趋势，拟合得到吸光度与时间的变化曲线，在不同频率处，拟合曲线的整体趋势类似，但也存在差异。因此，考虑采用主成分分析方法，将不同频率的太赫兹吸光度转化为主成分对吸附动力学过程进行分析。

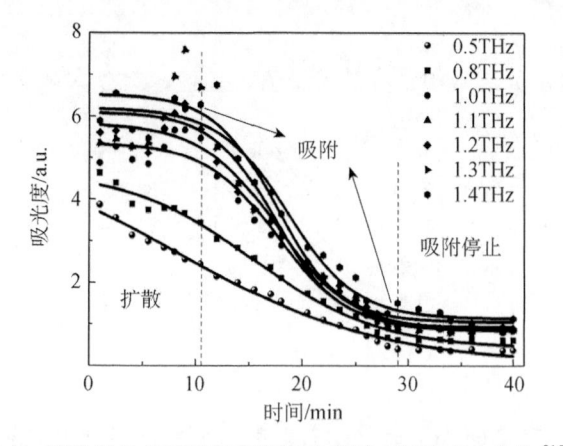

图 3-2 吸附样品在不同频率处吸光度随时间的变化趋势 [15]

将太赫兹吸光度数据保存于文件"吸附样本吸光度.xls"中，并将数据文件与 MATLAB 程序置于同一个文件夹中。在 Excel 文档中，第一行中第二列至最后一列分别为图 3-2 中每个点所对应的时间，第一列中第二行至最后一行为 0.20～1.45THz 的各个频率，第二列至最后一列的第二行至最后一行为各个时间处样品的吸光度数据，因此该数据矩阵中每一行对应一个变量，每一列对应一个样品。随后进行主成分分析，用 MATLAB 运行以下程序：

```
clc
clear all
format short
[m,textdata]=xlsread('吸收系数到1.45THz-2.xls');
y=m(:,:);
X=y';
textdata=textdata';
X=zscore(X);
[coeff,score,latent,tsquare]=princomp(X);
coeff;
gongxianlv=100*latent/sum(latent);
[m,n]=size(X);
result1=cell(n+1,4);
result1(1,:)={'特征值','差值','贡献率','累计贡献率'};
result1(2:end,1)=num2cell(latent);
result1(2:end-1,2)=num2cell(-diff(latent));
result1(2:end,3:4)=num2cell([gongxianlv,cumsum(gongxianlv)]);
result1
name=textdata(2:end,1);
num=textdata(2:end,1);
result2=cell(m+1,3);
result2(1,:)={'标准化变量','主成分1','主成分2'};
result2(2:end,1)=name;
result2(2:end,2:end)=num2cell(score(:,1:2));
result2
plot(score(:,1),score(:,2));
gname(num);
```

运行结果为

result1=

'特征值'	'差值'	'贡献率'	'累计贡献率'
[57.4588]	[56.1046]	[97.5878]	[97.5878]

[1.3542]	[1.2794]	[2.0953]	[99.6831]
[0.0748]	[0.0308]	[0.1268]	[99.8099]
[0.0440]	[0.0242]	[0.0747]	[99.8846]
[0.0199]	[0.0049]	[0.0337]	[99.9183]
[0.0150]	[0.0061]	[0.0255]	[99.9437]
[0.0089]	[0.0019]	[0.0151]	[99.9588]
[0.0069]	[0.0021]	[0.0118]	[99.9706]
[0.0048]	[$8.5854e\text{-}04$]	[0.0081]	[99.9787]
[0.0039]	[$5.9480e\text{-}04$]	[0.0067]	[99.9854]
[0.0033]	[0.0015]	[0.0057]	[99.9911]
[0.0019]	[8.4065×10^{-4}]	[0.0032]	[99.9942]
[0.0010]	[4.7605×10^{-4}]	[0.0017]	[99.9960]
[5.5624×10^{-4}]	[1.1364×10^{-4}]	[9.4278×10^{-4}]	[99.9969]
[4.4259×10^{-4}]	[1.5175×10^{-4}]	[7.5016×10^{-4}]	[99.9977]
[2.9084×10^{-4}]	[2.0481×10^{-5}]	[4.9295×10^{-4}]	[99.9982]
[2.7036×10^{-4}]	[5.0639×10^{-5}]	[4.5824×10^{-4}]	[99.9986]
[2.1972×10^{-4}]	[2.2563×10^{-5}]	[3.7241×10^{-4}]	[99.9990]
[1.9716×10^{-4}]	[1.0632×10^{-4}]	[$3.3416e\text{-}04$]	[99.9993]
[9.0841×10^{-5}]	[2.5901×10^{-5}]	[1.5397×10^{-4}]	[99.9995]
[8.8251×10^{-5}]	[1.5558×10^{-5}]	[1.4958×10^{-4}]	[99.9996]
[7.2694×10^{-5}]	[1.0664×10^{-5}]	[1.2321×10^{-4}]	[99.9998]
[6.2029×10^{-5}]	[2.4274×10^{-5}]	[1.0513×10^{-4}]	[99.9999]
[3.7755×10^{-5}]	[1.2654×10^{-5}]	[6.3992×10^{-5}]	[99.9999]
[2.5101×10^{-5}]	[4.2799×10^{-6}]	[4.2544×10^{-5}]	[100.0000]
[2.0821×10^{-5}]	[2.0821×10^{-5}]	[3.5290×10^{-5}]	[100]

'标准化变量'	'主成分1'	'主成分2'
'No.1'	[12.6654]	[-3.3632]
'No.2'	[11.6680]	[-1.9231]
'No.3'	[9.6439]	[-1.3625]
'No.4'	[9.0520]	[-0.8981]
'No.5'	[9.2119]	[0.4136]
'No.6'	[9.3305]	[1.4479]
'No.7'	[9.0767]	[2.4936]
'No.8'	[8.2118]	[2.3630]
'No.9'	[5.4645]	[1.5156]
'No.10'	[3.6616]	[0.6343]
'No.11'	[2.2787]	[0.4587]
'No.12'	[1.3276]	[0.2411]
'No.13'	[-0.0987]	[0.1247]

'No.14'	[-2.2166]	[-0.0218]
'No.15'	[-3.3373]	[-0.0907]
'No.16'	[-4.2442]	[-0.0432]
'No.17'	[-5.0910]	[-0.2501]
'No.18'	[-6.1249]	[-0.2499]
'No.19'	[-6.9697]	[-0.1786]
'No.20'	[-7.6175]	[-0.1405]
'No.21'	[-8.0039]	[0.0117]
'No.22'	[-7.9274]	[-0.0639]
'No.23'	[-7.8729]	[-0.1672]
'No.24'	[-8.1680]	[-0.2163]
'No.25'	[-7.8526]	[-0.3945]
'No.26'	[-8.0703]	[-0.2207]
'No.27'	[-7.9976]	[-0.1200]

元胞数组 result1 和 result2 分别显示了主成分的贡献率及前两个主成分的得分情况，结果显示第一主成分贡献率为 97.5%，第二主成分贡献率 2.0%，第一和第二主成分贡献率之和为 99.5%，证明前两个主成分足以反映样本的原始信息。MATLAB 的运行还可得到第一和第二主成分分布图，将该图进行适当优化，得到各样本在二维坐标系的主成分散点分布，如图 3-3 所示。

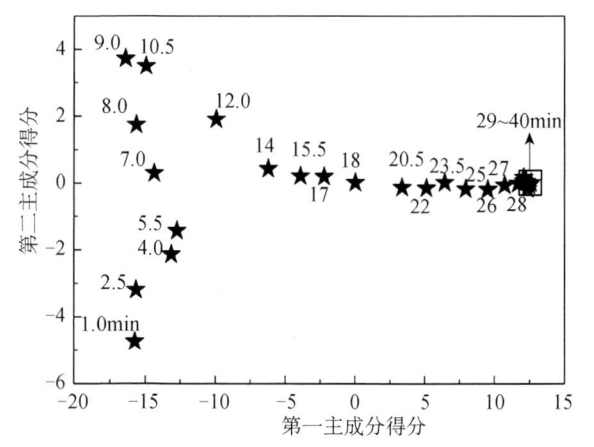

图 3-3　第一主成分、第二主成分得分在二维坐标系中的分布[15]

对于第一主成分，其贡献率超过 90%，代表了 97.5% 的原始信息，因而只提取第一主成分得分代替样本的吸光度，并与对应的时间相互联系，可获得第一主成分 (PC1) 随时间的变化关系，见图 3-4。根据所有点的变化趋势，拟合得到反映变化趋势的曲线，在 10.5～29.0min 时，主成分得分平稳上升，为水分子由活性炭表面至孔隙内部的吸附阶段，与图 3-2 所示的第二阶段对应。

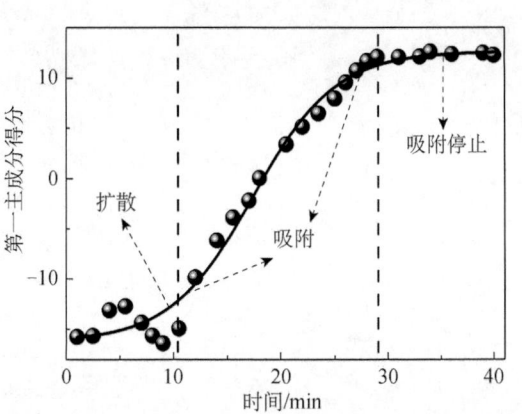

图 3-4　吸附样品的第一主成分得分随时间的变化趋势[15]

因此，主成分分析将有效频段内所有吸收光谱数据用于计算，其分析结果说明基于太赫兹时域光谱的主成分分析可表征水分子的吸附动力学过程。此外，利用第一主成分得分对吸附动力学过程进行表征，其结果证明了太赫兹光谱应用的可行性，且相比于吸附过程的太赫兹吸光度表征，主成分分析结果更加清晰和直观，吸附的临界点较为清楚。

3.4.2　孔隙形状识别

岩石中含有有机质和孔隙是油气储层的必要条件，岩石的孔隙多以微米和纳米量级存在，为了模拟岩石中孔隙的表征，选用岩石中一种重要的元素单质——硅(Si)作为基底，采用激光打标的方法在硅片上打出不同孔型、孔数、大小的孔，首先利用太赫兹技术对硅片上的方孔进行逐点扫描成像，如图 3-5 所示。图中太赫兹图像为 51×51 像素，可清晰地看到孔的存在所显示的六个孔缺陷的尺寸为 500～600μm，孔间距约为 200μm，其位置和大小完全吻合。在图 3-5 中可以看出，左侧孔隙尺寸略小于右侧，这可能是由激光输出功率变化导致的。实验结果表明，自由空间成像更接近普通的近场成像。从图中可以清晰地看到孔的存在，且位置完全吻合，如果逐渐降低孔隙大小，太赫兹成像已不能辨别孔的孔型(能辨别的孔的最低尺寸大致为 150μm)。

对三种孔型、共 94 个带孔硅片样品(孔隙尺寸最低达 20μm)进行太赫兹时域光谱扫描，得到各样品的太赫兹时域光谱，并计算得到太赫兹吸收谱，如图 3-6 所示。同种孔型的吸收谱具有较大的相似性，不同的微米孔型在太赫兹波段具有不同的响应，一方面说明了太赫兹系统的稳定性，另一方面证明了太赫兹技术可作为潜在的孔型识别和孔型表征的方法，但孔型的表征和识别效果还不直观，即通过吸收谱的差异尚无法将不同孔完全区分。因此，考虑采用主成分分析方法，将整个有效频率范围内的太赫兹吸光度转化为几个主成分，对硅片上的三角孔、圆孔、方孔进行区分。

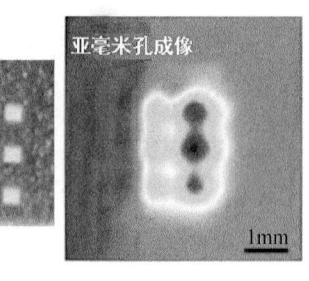

图 3-5　带方孔硅片的太赫兹时域光谱幅值成像图

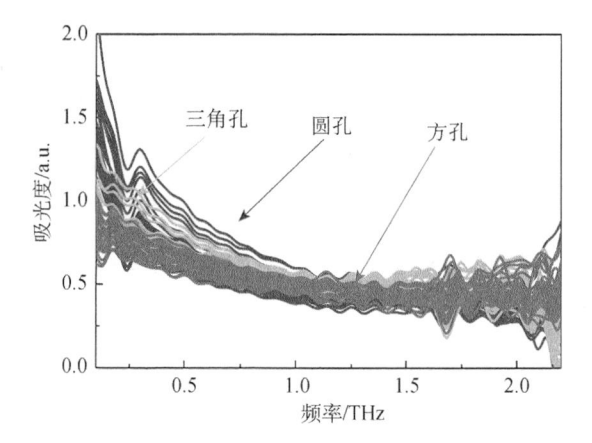

图 3-6　三种孔型共 97 个样品的太赫兹吸收谱

以现有样品的吸收谱数据作为输入变量进行主成分分析，由于实际需要，分别将三种孔形组合成三角孔-圆孔、圆孔-方孔、方孔-三角孔、三角孔-圆孔-方孔等 4 种孔隙组合进行主成分分析，即相关数据保存在 4 个文本文件中，并进行 4 次主成分分析运算。

将保存数据的 Excel 文档与 MATLAB 程序置于同一个文件夹中。除输入数据和变量综述与 3.4.1 小节中吸附过程分析有所差异外，MATLAB 运行的主体程序与吸附过程分析相同。4 个孔隙类型组合数据运算完毕后并进行作图，结果如图 3-7 所示。在图 3-7(a)～图 3-7 (c)中，对 3 种孔型进行两两分析，在图 3-7(d)中，对三种孔型进行同时分析，总体来讲，不同的孔型具有不同的第一、第二、第三主成分得分值，而同一种孔型样本的主成分得分分布具有一定的区域性，即三种孔型在同一个三维坐标系下可以被明确地区分。由于孔隙的尺寸为 20～500μm 不等，因此，主成分分析方法的使用在一定程度上提高了孔型太赫兹鉴别的分辨率。

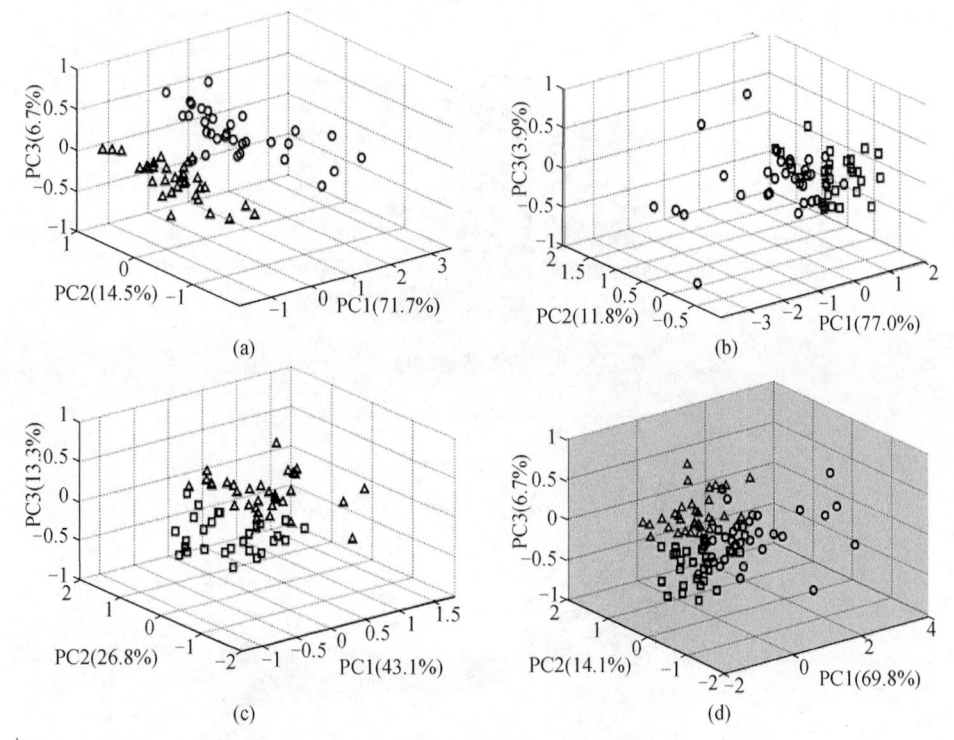

图 3-7　三角孔-圆孔(a)、圆孔-方孔(b)、方孔-三角孔(c)、三角孔-圆孔-方孔(d)第一、第二、第三主成分的三元系统图

3.4.3　原油油头识别

原油在加工炼制前往往会通过长输油管道输运到炼油厂。我国的原油来源广泛，既包括国外几十个国家，也包括国内的上百个油田，一个输油管道无法只输送一种原油，往往是多种原油交替输运。此外，输油管道也存在很多支干线，情况非常复杂。因此，对管线中原油的快速准确检测判定是一项必要的工作，具有现实的意义。

太赫兹光谱作为一种非接触式的光学方法，在原油检测方面具有一些新的特点：①原油样品不需要预处理，用太赫兹技术可直接检测，为原油的在线监测提供了可能；②不同物质间成分和结构的微小差异在太赫兹频段具有明显的差异，因此使用太赫兹技术检测不同原油具有较好的准确性；③太赫兹光谱检测原油样品，过程非常简单，时间短，数据处理过程也简单快速；④太赫兹光谱仪本身具有较高的信噪比，实验的重复性好，采集的数据能准确反映原油样品的原始信息。

实验中选取了不同产地、不同类型的 7 种原油，为便于描述将它们依次编号为 1～7，分别代表中东原油、渤海湾原油、辽河轻质油、辽河重质油、苏丹原油、巴西原油、板桥原油。利用透射式太赫兹光谱仪测得 7 种原油的太赫兹时域光谱并计算得到它们在 0.4～2.0THz 频段内的折射率谱和吸收系数谱，如图 3-8 所示。在折射率谱中，折射率随频率的变化较小，但不同原油之间具有不同程度的差异，尤其是辽河重质油，其折射率明显高于其他原油。对于吸收系数，渤海湾原油相对较大，且几种原油在不同频率处出现了强度不一的吸收峰，可作为区分不同原油的一个参数指标。

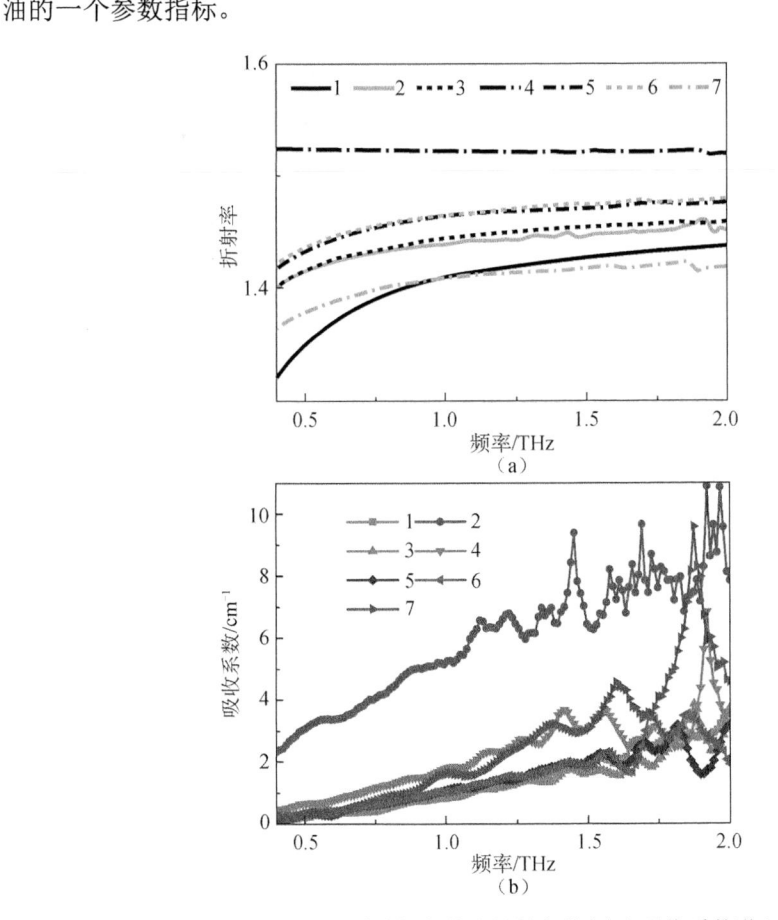

图 3-8　来自不同油田原油的太赫兹折射率谱(a)和吸收系数谱(b) [16]

为了更好地区分并预测管道中原油的来源，将 7 种原油的折射率谱和吸收系数谱数据分别作为输入变量，进行主成分分析，且采用的 MATLAB 主体程序仍然与 3.4.1 小节中运算程序相同。在主成分分析中，计算不同输入变量情况下的第一主成分贡献率及各样本的第一主成分得分，折射率和吸收系数作为输入变量所对应的第一主成分贡献率均超过 95%，这说明第一主成分代表样本的大部分原始信息，可用作表征参数鉴别不同原油，结果如图 3-9 所示。7 种原油的第一主成分得分有所差异，且同一原油的折射率作为输入的主成分与吸收系数作为输入的主成分也不尽相同。对于未知原油(属于这 7 种原油其中的一种，但其产地未知)的检测方法可归结为：快速扫描获得未知油品的太赫兹光谱，然后将未知油品与已知原油进行主成分分析，提取第一主成分的得分值，未知油品的得分与哪种原油得分最接近(理论上相等)，则未知油品就是哪种原油。

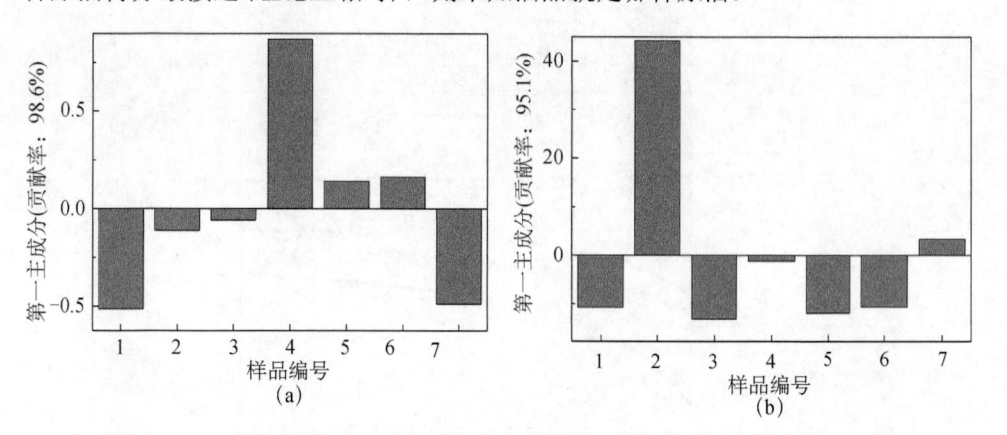

图 3-9　基于原油太赫兹折射率谱(a)和吸收系数谱(b)的第一主成分得分[16]

第4章 聚类分析

"物以类聚，人以群分"，现实世界中总存在大量的分类问题。同时，在人类认识世界的过程中，一种重要方法是将世界上的大量事务进行分类，在分类过程中总结主体规律，进而改造世界。因此，分类学成为人们认识世界的一门基础学科。但由于事物往往充满了各种不确定性和复杂性，单凭经验分类是远远不够的，利用数学分析方法进行更科学的分类是一种必然的趋势。聚类分析就是一种适合于研究分类问题的多元统计分析方法，在生物学、经济学、人口学、生态学、电子商务等诸多方面有着非常广泛的应用。随着计算机技术的发展和各种分析软件的开发，利用聚类分析研究分类问题不仅非常必要，而且快速高效。

在石油资源的太赫兹表征与评价过程中也存在很多分类问题，需要采用适合的方法对大量样本中具有相似物性的样本进行快速聚类。例如，我国原油消费的半数以上需要从国外进口，原油由油轮经海上运输至港口，由于不同国家与地区的原油在物性上存在或大或小的差异，物性差异较大的原油会经过不同的处理。在此之前，需要对各种原油进行快速分类，将外观类似、但物性具有明显差异的原油分开，同时将物性相似的原油进行识别。因此，聚类分析在石油资源的表征评价过程中也具有重要的应用价值，特别是在油气资源的太赫兹光谱表征中，聚类分析可对油气资源的太赫兹光谱特征进行分析，进而达到对油气资源分类与评价的目的。

本章主要介绍聚类分析的基本概述、系统聚类的原理及 MATLAB 实现、K 均值聚类的原理及 MATLAB 实现。

4.1 聚类分析简介

4.1.1 聚类分析的概念

聚类分析的目的是把分类对象按一定规则分成若干类，这些类不是事先给定的(即未知的),而是根据数据的特征确定的,对类的数目和类的结构不必做任何假定。

聚类分析中一个主要的问题是定义簇,最终将数据分类到不同的类或簇,所以同一个簇的对象有很大的相似性,不同簇之间的对象有很大的相异性。

聚类分析是搜索簇的无监督学习过程,与分类不同,无监督学习不依赖于预先定义的类或带类标记的训练实例,需要由聚类学习算法自动确定标记,而分类学习的实例或数据对象有类别标记。聚类分析是观察式学习,而不是示例式的学习。

另外,聚类分析是数据挖掘的主要任务之一,聚类能够作为一个独立的工具获得数据的分布状况,观察每一簇数据的特征,然后集中对特定的类或簇作进一步的分析。

4.1.2 聚类距离与相似系数

聚类分析过程中存在两种常用的相似性度量:距离和相似系数。距离用于度量样品之间的相似性,相似系数用来度量变量之间的相似性。

1. 变量类型

距离和相似系数的定义与变量类型有关,通常情况下,变量按测量尺度的不同可分为以下 3 类。

(1)间隔尺度变量:变量用连续的量表示,如长度、重量、速度和温度。

(2)有序尺度变量:变量度量时不用明确的数量表示,而是用等级表示,如产品的等级、成绩的名次。

(3)名义尺度变量:变量用一些类表示,这些类之间既无等级关系也无数量关系,如性别、职业、产品型号。

2. 距离

假设 $X_1, X_2, \cdots, X_n$ 为取自 p 元总体的 n 个样本,记第 i 个样本 $X_i = (x_{i1}, x_{i2}, \cdots, x_{ip})$ $(i=1, 2, \cdots, n)$,聚类分析中常用的距离类型如下。

1)闵可夫斯基(Minkowski)距离

将第 i 个样品 X_i 和第 j 个样品 X_j 之间的闵可夫斯基聚类定义为

$$d_{ij}(q) = \left(\sum_{k=1}^{p} \left| x_{ik} - x_{jk} \right|^q \right)^{1/q}, \quad i = 1, 2, \cdots, n; j = 1, 2, \cdots, n \tag{4-1}$$

式中,q 为正整数。当 q 的取值不同时,闵可夫斯基距离有不同的表达形式。

(1) 当 $q=1$ 时，$d_{ij}(1)$ 称为绝对值距离：

$$d_{ij}(1) = \sum_{k=1}^{p} \left| x_{ik} - x_{jk} \right| \tag{4-2}$$

(2) 当 $q=2$ 时，$d_{ij}(2)$ 称为欧式距离：

$$d_{ij}(2) = \sqrt{\sum_{k=1}^{q} (x_{ik} - x_{jk})^2} \tag{4-3}$$

(3) 当 $q \rightarrow \infty$ 时，$d_{ij}(\infty)$ 称为切比雪夫距离：

$$d_{ij}(\infty) = \max_{1 \leqslant k \leqslant p} \left| x_{ik} - x_{jk} \right| \tag{4-4}$$

需要注意的是，当各变量的单位不同或测量范围相差很大时，不宜直接采用闵可夫斯基距离，应先对各变量的观测数据做标准化处理。

2) 兰氏 (Lance and Williams) 距离

当 $x_{ik}>0$（$i=1$, 2, $\cdots$, n, n 为样本数；$k=1$, 2, $\cdots$, p, p 为变量数）时，第 i 个样品 X_i 与第 j 个样品 X_j 之间的兰氏距离为

$$d_{ij}(L) = \sum_{k=1}^{p} \frac{\left| x_{ik} - x_{jk} \right|}{x_{ik} + x_{jk}}, \quad i=1,2,\cdots,n; \ j=1,2,\cdots,n \tag{4-5}$$

由于兰氏变量与各变量的单位无关，因此，适用于高度偏斜的数据。

3) 马哈拉诺比斯 (Mahalanobis) 距离

第 i 个样品 X_i 与第 j 个样品 X_j 之间的马哈拉诺比斯距离为

$$d_{ij}(M) = \sqrt{(X_i - X_j)\boldsymbol{S}^{-1}(X_i - X_j)'}, \quad i=1,2,\cdots,n; \ j=1,2,\cdots,n \tag{4-6}$$

式中，$\boldsymbol{S}$ 为协方差矩阵。

4) 斜交空间距离

第 i 个样品 X_i 与第 j 个样品 X_j 之间的斜交空间距离为

$$d_{ij}^{\ *} = \sqrt{\frac{1}{p^2} \sum_{k=1}^{p} \sum_{l=1}^{p} (x_{ik} - x_{jk})(x_{il} - x_{jl}) r_{kl}}, \quad i=1,2,\cdots,n; \ j=1,2,\cdots,n \tag{4-7}$$

式中，r_{kl} 是变量 x_k 和变量 x_l 之间的相关系数。

3. 相似系数

通常情况下，将变量 x_i 和变量 x_j 的相似系数或相关系数定义为

$$r_{ij} = \frac{\sum_{k=1}^{n} (x_{ki} - \overline{x}_i)(x_{kj} - \overline{x}_j)}{\sqrt{\left[\sum_{k=1}^{n} (x_{ki} - \overline{x}_i)^2 \right] \left[\sum_{k=1}^{n} (x_{kj} - \overline{x}_j)^2 \right]}}, \quad i=1,2,\cdots,p; \ j=1,2,\cdots,p \tag{4-8}$$

式中，

$$\begin{cases} \bar{x}_i = \dfrac{1}{n}\sum_{k=1}^{n} x_{ki} \\[3mm] \bar{x}_j = \dfrac{1}{n}\sum_{k=1}^{n} x_{kj} \end{cases} \qquad i = 1, 2, \cdots, p; \ \ j = 1, 2, \cdots, p \qquad (4\text{-}9)$$

相似系数具有如下性质：

$$\begin{cases} |r_{ij}| \leqslant 1, \ \forall i, j \\[2mm] r_{ij} = r_{ji}, \ \forall i, j \end{cases} \qquad i = 1, 2, \cdots, p; \ \ j = 1, 2, \cdots, p \qquad (4\text{-}10)$$

$|r_{ij}|$ 越接近于 1，说明变量 x_i 和变量 x_j 越相似或越相关；$|r_{ij}|$ 越接近于 0，说明变量 x_i 和变量 x_j 越不相似或越不相关。特殊地，当 $|r_{ij}|=1$ 时，说明变量 x_i 和变量 x_j 是完全线性相关的；当 $|r_{ij}|=0$ 时，说明变量 x_i 和变量 x_j 是正交的。

4.2　聚类分析方法

聚类分析法包括系统聚类、K 均值聚类和模糊 C 值聚类等，本节将分别介绍三种聚类分析法的基本原理。

4.2.1　系统聚类法

1. 基本思想

在利用系统聚类法分析时，刚开始将 n 个样品或 p 个变量各自作为一类，并规定样品或变量之间的距离和类与类之间的距离，然后将距离最近的两类合并成一个新的类，简称并类，再计算新类与其他类之间的距离，重复进行两个最近类的合并，每次减少一类，直至所有的样品或变量合并成一类。聚类过程可形成一个亲疏关系图谱，即聚类树形图或谱系图，从图上能清晰地看出应分成几类以及每个类所包含的样品或变量。除此之外，亦可借助统计量来确定分类结果。

在聚类分析中，通常用 G 表示类，假定 G 中有 m 个样品或变量，为不失一般化，用列向量 $x_i (i=1, 2, \cdots, m)$ 表示，d_{ij} 表示元素 x_i 与 x_j 间的距离，D_{KL} 表示类 G_K 与类 G_L 之间的距离。类与类之间用不同的方法定义距离，就产生了不同的系统聚类法[17]。

2. 最短距离法

定义类与类之间的距离为两类最近样品的距离，即

$$D_{KL} = \min\{d_{ij} : x_i \in G_K; x_j \in G_L\} \tag{4-11}$$

若某一步类 G_K 与类 G_L 聚成一个新类，记为 G_M，类 G_M 与任意已有类 G_J 之间的距离为

$$D_{MJ} = \min\{D_{KJ}, D_{LJ}\}, \quad J \neq K, L \tag{4-12}$$

基于上述原理，最短距离系统聚类法的聚类步骤如下。

(1) 将初始的每个样品或变量各自作为一类，并规定样品或变量之间的距离，通常采用欧氏距离。计算 n 个样品或 p 个变量的距离矩阵 $\boldsymbol{D}_{(0)}$，它是一个对称矩阵。

(2) 寻找距离矩阵 $\boldsymbol{D}_{(0)}$ 中的最小元素 D_{KL}，将类 G_K 与类 G_L 聚成一个新类，记为 G_M，即 $G_M = \{G_K, G_L\}$。

(3) 计算新类 G_M 与任一类 G_J 之间的距离递推公式为

$$
\begin{aligned}
D_{MJ} &= \min_{x_i \in G_M, x_j \in G_J} d_{ij} \\
&= \min\left\{ \min_{x_i \in G_K, x_j \in G_J} d_{ij}, \min_{x_i \in G_L, x_j \in G_J} d_{ij} \right\} \\
&= \min\{D_{KJ}, D_{LJ}\}
\end{aligned} \tag{4-13}
$$

对距离矩阵 $\boldsymbol{D}_{(0)}$ 进行修改，将 G_K 和 G_L 所在的行和列合并成一个新行新列，对应为 G_M，新行和新列上的新距离由式(4-13)计算，其余行列上的值不变，得到的新距离矩阵记为 $\boldsymbol{D}_{(1)}$。

(4) 对 $\boldsymbol{D}_{(1)}$ 重复上述对 $\boldsymbol{D}_{(0)}$ 的 2 步操作，得到距离矩阵 $\boldsymbol{D}_{(2)}$。如此下去，直到所有样品或变量合并成一类为止。

3. 最长距离法

类与类之间的距离定义为两类最远样品之间的距离，即

$$D_{KL} = \max\{d_{ij} : x_i \in G_K; x_j \in G_L\} \tag{4-14}$$

类间的距离类推公式为

$$D_{MJ} = \max\{D_{KJ}, D_{LJ}\}, \quad J \neq K, L \tag{4-15}$$

4. 中间距离法

类与类之间的距离采用中间距离。设某一步将类 G_K 与类 G_L 聚成一个新类，记为类 G_M，对于任一类 G_J，考虑由 D_{KJ}、D_{LJ} 和 D_{KL} 为边长构成的三角形，取 D_{KL} 边的中线作为 D_{MJ}，从而得类间平方距离的递推公式为

$$D_{MJ}^2 = \frac{1}{2}D_{KJ}^2 + \frac{1}{2}D_{LJ}^2 - \frac{1}{4}D_{KL}^2 \tag{4-16}$$

式（4-16）可推广至更一般的情况

$$D_{MJ}^2 = \frac{1-\beta}{2}(D_{KJ}^2 + D_{LJ}^2) + \beta D_{KL}^2 \tag{4-17}$$

式中，$\beta<1$，对应的系统聚类法称为可变法。

5. 重心法

类与类之间的距离定义为它们的重心(即类均值)之间的欧氏距离。设 G_K 中有 n_K 个元素，G_L 中有 n_L 个元素，定义类 G_K 和类 G_L 的重心分别为

$$\begin{cases} \overline{x}_K = \dfrac{1}{n_K}\displaystyle\sum_{i=1}^{n_K} x_i \\[3mm] \overline{x_L} = \dfrac{1}{n_L}\displaystyle\sum_{i=1}^{n_L} x_i \end{cases} \tag{4-18}$$

那么，类 G_K 与类 G_L 之间的平均距离为

$$\begin{aligned} \overline{x}_L &= \frac{1}{n_L}\sum_{i=1}^{n_L} x_i D_{KL}^2 \\ &= \left[d(\overline{x}_K, \overline{x}_L)\right]^2 \\ &= (\overline{x}_K - \overline{x}_L)'(\overline{x}_K - \overline{x}_L) \end{aligned} \tag{4-19}$$

类间平方距离的递推公式为

$$D_{MJ}^2 = \frac{n_K}{n_M}D_{KL}^2 + \frac{n_L}{n_M}D_{LJ}^2 - \frac{n_K n_L}{n_M^2}D_{KL}^2 \tag{4-20}$$

6. 类平均法

类与类之间的平方距离定义为样品或变量两两之间平方距离的平均值，G_K 和 G_L 之间的平方距离为

$$D_{KL}^2 = \frac{1}{n_K n_L}\sum_{x_i \in G_K, x_j \in G_J} d_{ij}^2 \tag{4-21}$$

类间平方距离的递推公式为

$$D_{MJ}^2 = \frac{n_K}{n_M}D_{KJ}^2 + \frac{n_L}{n_M}D_{LJ}^2 \tag{4-22}$$

类平均法很好地利用了所有样品之间的信息，在某些情况下被认为是一种较好的系统聚类法。

此外，还可在式(4-22)中增加 D_{KL}^2 项，将式(4-22)进行推广，得到类间平方

距离的递推公式为

$$D_{MJ}^2 = (1-\beta)\left[\frac{n_K}{n_M}D_{KJ}^2 + \frac{n_L}{n_M}D_{LJ}^2\right] + \beta D_{KL}^2 \tag{4-23}$$

其中，$\beta<1$，对应的系统聚类法称为可变类平均法。

7. 离差平方和（Ward 法）

离差平方和法把方差分析的思想用于分类上，同一个类内的离差平方和最小，而类间的离差平方和应较大。类中各元素到类中心（即类均值）的平方欧氏距离之和称为类内离差平方和。设某一步 G_K 和 G_L 聚成一个新类 G_M，则 G_K、G_L 和 G_M 的类内离差平方和分别为

$$W_K = \sum_{x_i \in G_K} (x_i - \bar{x}_K)'(x_i - \bar{x}_K) \tag{4-24}$$

$$W_L = \sum_{x_i \in G_L} (x_i - \bar{x}_L)'(x_i - \bar{x}_L) \tag{4-25}$$

$$W_M = \sum_{x_i \in G_M} (x_i - \bar{x}_M)'(x_i - \bar{x}_M) \tag{4-26}$$

它们反映了类内元素的分散程度。将 G_K 和 G_L 合并成新类 G_M 时，类内离差平方和会有所增加，即 $W_M = W_K - W_L > 0$，如果 G_K 和 G_L 距离比较近，则增加的离差平方和较小，于是定义 G_K 和 G_L 的平方距离为

$$D_{KL}^2 = W_M - (W_K + W_L) = \frac{n_K n_L}{n_M}(\bar{x}_K - \bar{x}_L)'(\bar{x}_K - \bar{x}_L) \tag{4-27}$$

类间平方距离的递推公式为

$$D_{MJ}^2 = \frac{n_J + n_K}{n_J + n_M}D_{KJ}^2 + \frac{n_J + n_L}{n_J + n_M}D_{LJ}^2 - \frac{n_J}{n_J + n_M}D_{KL}^2 \tag{4-28}$$

8. 系统聚类法的统一

系统聚类法通常包括最短距离法、最长距离法、中间距离法、可变法、重心法、类平均法、可变类平均法、离差平方和法等 8 种，它们的区别在于类间距离的递推公式不同。20 世纪 60 年代 Lance 和 Williams 将 8 种不同的距离计算公式统一为

$$D_{MJ}^2 = \alpha_K D_{KJ}^2 + \alpha_L D_{LJ}^2 + \beta D_{KL}^2 + \gamma \left| D_{KJ}^2 - D_{LJ}^2 \right| \tag{4-29}$$

式中，α_K、α_L、β、γ 为参数，每种系统聚类法对应参数的取值见表 4-1。

需要注意的是，对同一个研究总体使用不同的聚类方法所得到的结果不一定完全相同，一般只是大致相似。如果有很大的差异，应该仔细考查，找出问题所在，亦可将聚类结果与实际问题进行对照分析，选择更符合经验的聚类结果。

表 4-1　系统聚类法距离计算公式参数表

方法	α_K	α_L	β	γ
最短距离法	$\dfrac{1}{2}$	$\dfrac{1}{2}$	0	$-\dfrac{1}{2}$
最长距离法	$\dfrac{1}{2}$	$\dfrac{1}{2}$	0	$\dfrac{1}{2}$
中间距离法	$\dfrac{1}{2}$	$\dfrac{1}{2}$	$-\dfrac{1}{4}$	0
可变法	$\dfrac{1-\beta}{2}$	$\dfrac{1-\beta}{2}$	$\beta(<1)$	0
重心法	$\dfrac{n_K}{n_M}$	$\dfrac{n_L}{n_M}$	$-\dfrac{n_K n_L}{n_M^2}$	0
类平均法	$\dfrac{n_K}{n_M}$	$\dfrac{n_L}{n_M}$	0	0
可变类平均法	$\dfrac{(1-\beta)n_K}{n_M}$	$\dfrac{(1-\beta)n_L}{n_M}$	$\beta(<1)$	0
离差平方和法	$\dfrac{n_J+n_K}{n_J+n_M}$	$\dfrac{n_J+n_K}{n_J+n_M}$	$-\dfrac{n_J}{n_J+n_M}$	0

9. 系统聚类法的评价

如上所述，对于同样的观测数据，不同方法聚类的结果可能不同，那么应该选取哪一个结果为好？因此，下面将介绍系统聚类法的性质。

1) 单调性

令 D_i 为系统聚类过程中第 i 次并类时的距离，若有 $D_1 \leqslant D_2 \leqslant \cdots \leqslant L$，则称此系统聚类法具有单调性。在 8 种系统聚类法中，最短距离法、最长距离法、可变法、类平均法、可变类平均法和离差平方和法具有单调性，中间距离法和重心法不具有单调性。

2) 空间的浓缩与扩张

针对同一问题，用不同系统聚类法进行聚类，做出的聚类树形图的横坐标的距离坐标范围相差很大，范围小的方法区别类的灵敏度差，而范围太大的方法灵敏度又过高，所以范围以适中为好。

假设有甲、乙两种系统聚类法，第 i 步的距离矩阵分别为 A_i 和 B_i，若 $A_i \geqslant B_i(i=1, 2, \cdots, n-1)$，则称甲方法比乙方法更使空间扩张，或称乙方法比甲方法更使空间浓缩。与类平均法相比，最短距离法和重心法使空间浓缩，最长距离法和离差平方和法使空间扩张。太浓缩的方法不够灵敏，太扩张的方法容易失真，类平均法比较适中，既不太浓缩也不太扩张，被认为是一种较为理想的方法。

4.2.2　*K*均值聚类法

*K*均值聚类法是一种简单、高效的聚类算法，又称快速聚类法，是由麦奎因（MacQueen）提出并命名的。

假设有 n 个变量 x_1，x_2，$\cdots$，x_n，现将 n 个变量划分为 K 个类，分别用 X_1，X_2，$\cdots$，X_n 表示。令 N_i 是第 i 个类 X_i 中的变量数目，m_i 是这些变量的均值，取距离函数为欧氏距离。聚类步骤如下。

（1）随机选择 K 个样本作为初始聚类中心 m_1，m_2，$\cdots$，m_k。

（2）如果 $d(x_1, m_p) \leqslant d(x_j, m_i)$，$1 \leqslant p \leqslant K, i = 1, 2, \cdots, k$ ，则分配 x_j 到第 p 类。

（3）重新计算每个聚类的中心：$m_i = \dfrac{1}{N}\sum\limits_{x \in x_i} x$，$i = 1, 2, \cdots, k$ 。

（4）重复第（2）和第（3）步骤，直至 m_i 不再变化。

4.2.3　模糊 *C* 均值聚类法

模糊 *C* 均值聚类法用来处理没有明确界限的分类问题。对于给定样本观测数据矩阵

$$X = \begin{bmatrix} x_1 \\ x_2 \\ \vdots \\ x_n \end{bmatrix} = \begin{bmatrix} x_{11} & x_{12} & \cdots & x_{1p} \\ x_{21} & x_{22} & \cdots & x_{2p} \\ \vdots & \vdots & & \vdots \\ x_{n1} & x_{n2} & \cdots & x_{np} \end{bmatrix} \tag{4-30}$$

式中，X 的每一行对应一个样本，每一列对应一个变量。模糊聚类就是将 n 个样品划分为 C 类（$2 \leqslant C \leqslant n$），记 $V = \{v_1, v_2, \cdots, v_c\}$ 为 C 个类的聚类中心，其中 $v_i = (v_{i1}, v_{i2}, \cdots, v_{ip})$（$i=1, 2, \cdots, C$）。在模糊划分中，每一个样品不是严格划分为某一类，而是以一定的隶属度属于某一类。

令 u_{ik} 表示第 k 个样品 x_k 属于第 i 类的隶属度，这里 $0 \leqslant u_{ik} \leqslant 1$，$\sum\limits_{i=1}^{c} u_{ik} = 1$。

定义目标函数

$$J(U, V) = \sum_{k=1}^{n} \sum_{i=1}^{c} u_{ik}^{m} d_{ik}^{2} \tag{4-31}$$

式中，$U = (u_{ik})_{c \times n}$ 为隶属度矩阵，$d_{ik} = \|x_k - x_i\|$。显然，$J(U, V)$ 表示了各类中样品到聚类中心的加权平方距离之和，权重是样品 x_k 属于第 i 类的隶属度的 m 次方。模糊 *C* 均值聚类法的聚类准则是求 U 和 V，使得 $J(U, V)$ 取得最小值。模

糊 C 均值聚类的步骤如下。

(1)确定类的个数 c，幂指数 $m>1$ 和初始隶属度矩阵 $U^{(0)}=(u_{ik}^{(0)})$，通常的做法是取 $[0，1]$ 上的均匀分布随机数来确定初始隶属度矩阵 $U^{(0)}$。令 $l=1$ 表示第一步迭代。

(2)通过下式计算第 l 步的聚类中心 $V^{(l)}$：

$$v_i^{(l)} = \frac{\sum_{k=1}^{n} (u_{ik}^{(l-1)})^m x_k}{\sum_{k=1}^{n} (u_{ik}^{(l-1)})^m}, \quad i=1,2,\cdots,c \tag{4-32}$$

(3)修正隶属度矩阵 $U^{(l)}$，计算目标函数 $J^{(l)}$：

$$u_{ik}^{(l)} = \frac{1}{\sum_{j=1}^{c} \left(\frac{d_{ik}^{(l)}}{d_{jk}^{(l)}} \right)^{\frac{2}{m-1}}}, \quad i=1,2,\cdots,c;\ k=1,2,\cdots,n \tag{4-33}$$

$$J^{(l)}(U^{(l)}, V^{(l)}) = \sum_{k=1}^{n} \sum_{i=1}^{c} (u_{ik}^{(l)})^m (d_{ik}^{(l)})^2 \tag{4-34}$$

式中，$d_{ik}^{(l)} = \left\| x_k - v_i^{(l)} \right\|$。

(4)对于给定的隶属度终止容限 $\varepsilon_u > 0$（或目标函数终止容限 $\varepsilon_J > 0$，或最大迭代步长 L_{max}），当 $\max\{| u_{ik}^{(l)} - u_{ik}^{(l-1)} |\} < \varepsilon_u$（或 $l>1, | J^{(l)} - J^{(l-1)} | < \varepsilon_J$，或 $l > L_{max}$）时，停止迭代，否则 $l=l+1$，然后转到(2)。

经过以上步骤的迭代之后，可以求得最终的隶属度矩阵 U 和聚类中心 V，使得目标函数 $J(U，V)$ 的值达到最小。根据最终的隶属度矩阵 U 中元素的取值，可以确定所有样品的归属，当 $u_{jk} = \max_{1 \le i \le c} \{u_{ik}\}$ 时，可将样品 x_k 归为第 j 类。

4.3 聚类分析的 MATLAB 函数

MATLAB 工具箱中与系统聚类相关的函数包括 pdist、squareform、linkage、dendrogram、cophenet、inconsistent、cluster 与 clusterdata，下面将分别进行介绍。

4.3.1 系统聚类

1. pdist 函数

pdist 函数用来计算构成样品对的样品之间的距离，调用格式如下。

（1）y=pdist(X)。该格式用于计算样品间的欧氏距离。输入参数 X 是 $n \times p$ 的矩阵，矩阵的每一行对应一个样品，每一列对应一个变量。输出参数 y 是一个包含 $n(n-1)/2$ 个元素的行向量，用 (i,j) 表示由第 i 个样品和第 j 个样品构成的样品对，则 y 中的元素依次是样品对 $(2,1)$，$(3,1)$，…，$(n,1)$，$(3,2)$，…，$(n,2)$，…，$(n,n-1)$ 的距离。

（2）y=pdist(X，metric)。该格式用于计算样品对的距离，用输入参数 metric 指定计算距离的方法，metric 为字符串，可选择的字符串及其说明见表 4-2。

表 4-2　pdist 函数支持的各种距离代号和说明

metric 参数	说明
'euclidean'	欧氏距离，为默认情况
'seuclidean'	标准化欧氏距离
'mahalanobis'	马哈拉诺比斯距离
'cityblock'	绝对值距离
'minkowski'	闵可夫斯基距离
'cosine'	把样品作为向量，样品对距离为 1 减去样品对向量的夹角余弦
'correlation'	把样品作为数值序列，样品对距离为 1 减去样品对的相关系数
'spearman'	把样品作为数值序列，样品对距离为 1 减去样品对的 spearman 秩相关系数
'hamming'	汉明(Hamming)距离，即不一致坐标所占的百分比
'jaccard'	1 减去 jaccard 系数，即不一致的非零坐标所占的百分比
'chebychev'	切比雪夫距离

（3）y=pdist(X，distfun)。接受函数句柄作为第 2 个输入，即 distfun 为函数句柄，用来自定义计算距离的方法。

（4）y=pdist(X, 'minkowski', p)。计算样品对的闵可夫斯基距离，输入参数 p 为闵可夫斯基距离计算中的指数，默认情况下，指数为 2。

2. squareform 函数

squareform 函数用来将 pdist 函数输出的距离向量转化为距离矩阵，亦可将距离矩阵转化为距离向量。其调用格式包括：

```
Z=squareform(y)
Z=squareform(y,'tomatrix')
y=squareform(Z)
y=squareform(Z,'tovector')
```

前两种调用是把 pdist 函数输出的距离向量 y 转为距离矩阵 Z，而后两种调用

则是把距离矩阵 Z 转为 pdist 函数输出的距离向量 y。这里 y 为包含 $n(n-1)/2$ 个元素的向量，Z 为 n 阶方阵。

3. linkage 函数

linkage 函数用来创建系统聚类树，调用格式如下。

(1) Z=linkage(y)。利用最短距离法创建一个系统聚类树。输入参量 y 是样品对距离向量，是包含 $n(n-1)/2$ 个元素的行向量，可以是 pdist 函数的输出。输出参数 Z 为一个系统聚类树矩阵，它是 $(n-1)\times 3$ 的矩阵，n 是原始数据中样品的个数。Z 矩阵的每一行对应一次并类，第 i 行前两个元素是第 i 次并类的两个类的编号，初始编号为 $1\sim n$，以后每聚成一个新类，类编号从 $n+1$ 开始逐次增加 1。Z 矩阵第 i 行上的第 3 个元素为第 i 次并类时的并类距离。

(2) Z=linkage(y, method)。利用 method 参数指定的方法创建系统聚类树，method 是字符串，可选择的字符串见表 4-3。

表 4-3 linkage 函数支持的聚类方法及其说明

method	说明
'average'	类平均法
'centroid'	重心法，重心间距离为欧氏距离
'complete'	最长距离法
'median'	中间距离法，即加权的重心法，加权的重心间距离为欧氏距离
'single'	最短距离法，为默认情况
'ward'	离差平方和法，参数 y 必须包含欧氏距离
'weighted'	可变类平均法

(3) Z=linkage(X, method, metric)。根据原始数据创建系统聚类树。输入参数 X 为原始数据矩阵，X 的每一行对应一个样品，每一列对应一个变量。method 参数用来指定系统聚类方法，见表 4-3。此时，linkage 函数调用 pdist 函数计算样品对距离，输入参数用来指定计算距离的方法，具体可参考表 4-2。

(4) Z=linkage(X, method, inputs)。允许用户传递额外的参数给 pdist 函数，这里的 inputs 为一个包含输入参数的元胞数组。

4. dendrogram 函数

该函数用来作聚类树形图，调用格式如下。

(1) H=dendrogram(Z)。由系统聚类树矩阵 Z 生成系统聚类树形图。输入参数 Z 是由 linkage 函数输出的系统聚类树矩阵，它是 $(n-1)\times 3$ 的矩阵。输出参数 H 是树形图中线条的句柄值向量，用来控制线条属性。

　　所谓的聚类树形图是由许多倒 U 形线组成的，这些倒 U 形线用来连接聚类对象，倒 U 形线高度为并类距离。当原始数据中的观测数不多于 30 个时，树形图中每一个节点对应一个观测；当原始数据中的观测数多于 30 个时，整个树形图会显得比较拥挤，可能会忽略某些底层节点，也就是说，此时树形图中的某个叶节点可能对应多个样品。

　　(2) H=dendrogram(Z，p)。生成一个树形图，通过输入参数 p 来控制显示的叶节点数，默认情况下，p 的值为 30。若 p 为正整数，并且原始数据中的观测数多于 p 个，将通过某些木屑底层节点，使得树形图的叶节点不多于 p 个。若 p 为 0，此时显示全部节点。

　　(3) [H，T] =dendrogram(⋯)。生成一个树形图，并返回一个包含 n 个元素的列向量 **T**，其元素为各观测对应的叶节点编号，n 是原始数据中样品个数。当原始数据的样品过多时，树形图中可能会忽略某些底层节点，此时通过命令 f ind(T==k) 可以查询树形图中第 k 个叶节点下所有被忽略的节点。

　　(4) [H，T，perm] =dendrogram(⋯)。生成一个树形图，并按顺序返回树形图中叶节点编号向量 perm。对于垂直树形图，顺序为从下至上；对于水平树形图，顺序为从左至右。

　　(5) [⋯] =dendrogram(⋯, 'colorthreshold', t)。为聚类树形图中聚类距离小于阈值 t 的节点组分别设定不同的颜色。t 在区间 $[0，\max(\boldsymbol{Z}(:,3))]$ 内取值，t 还可以为字符串'default'。若 t 取值为 0，等同于没有设定'colorthreshold'参数；如果 t 取值为 $\max(\boldsymbol{Z}(:,3))$，则树形图只有一种颜色；如果 t 取值为字符串'default'，则等同于 t 取值为 0.7default 的情形。

　　(6) [⋯] =dendrogram(⋯, 'orientation', 'orient')。通过设定'orientation'参数及参数值'orient'来控制聚类树形图的方向和放置叶节点标签的位置。可用的'orientation'参数见表 4-4。

表 4-4　dendrogram 函数支持的 orientation 参数及其说明

'orientation' 参数	说明
'top'	从上至下，叶节点标签在下方，为默认情况
'bottom'	从下至上，叶节点标签在上方
'left'	从左至右，叶节点标签在右边
'right'	从右至左，叶节点标签在左边

　　(7) [⋯] =dendrogram(⋯, 'labels', S)。通过一个字符串数组或字符串元胞数组设定每一个样品的标签。当树形图中显示了全部节点时，叶节点的标签即为相应样品的标签；当树形图中忽略了某些节点时，只包含单个样品的叶节点的标

签即为相应样品的标签。

5. cophenet 函数

该函数用来计算系统聚类树的 cophenetic 相关系数。

对样本观测矩阵 X，用 $Y = (y_1, y_2, \cdots, y_{n(n-1)/2})$ 表示由 pdist 函数输出的样品对距离向量，用 (i, j) 表示由第 i 个样品和第 j 个样品构成的样品对，则 Y 中的元素依次是样品对 $(2, 1)$，$(3, 1)$，$\cdots$，$(n, 1)$，$(3, 2)$，$\cdots$，$(n, 2)$，$\cdots$，$(n, n-1)$ 的距离。此时，假设 $d = (d_1, d_2, \cdots, d_{n(n-1)/2})$，其中 d_1 为第 2 个样品和第 1 个样品初次并为一类时的并类距离，d_2 为第 3 个样品和第 1 个样品初次并为一类时的并类距离，依此类推，$d_{n(n-1)/2}$ 为第 n 个样品和第 $n-1$ 个样品初次并为一类时的并类距离。也就是说，d 中元素依次是样品对 $(2, 1)$，$(3, 1)$，$\cdots$，$(n, 1)$，$(3, 2)$，$\cdots$，$(n, 2)$，$\cdots$，$(n, n-1)$ 中两样品初次并类时的并类距离，称为 cophenetic 距离。

而 cophenetic 相关系数则是指 Y 与 d 之间的线性相关系数，即

$$c = \frac{\sum_{k=1}^{n(n-1)/2}(Y_k - \bar{Y})(d_k - \bar{d})}{\sqrt{\left[\sum_{k=1}^{n(n-1)/2}(Y_k - \bar{Y})^2\right]\left[\sum_{k=1}^{n(n-1)/2}(d_k - \bar{d})^2\right]}} \tag{4-35}$$

式中，

$$\begin{cases} \bar{Y} = \dfrac{2}{n(n-1)}\sum_{k=1}^{n(n-1)/2} Y_k \\ \bar{d} = \dfrac{2}{n(n-1)}\sum_{k=1}^{n(n-1)/2} d_k \end{cases} \tag{4-36}$$

cophenetic 相关系数反映了聚类效果的好坏，cophenetic 相关系数越接近于 1，说明聚类效果越好。可通过 cophenetic 相关系数对比各种不同的距离计算方法和不同的系统聚类法的聚类效果。

cophenet 函数的调用格式为

```
c=cophenet(Z,Y)
[c,d]=cophenet(Z,Y)
```

在以上调用中，cophenet 函数用 pdist 函数输出的 Y 和 linkage 函数输出的 Z 计算系统聚类树的 cophenetic 相关系数。输出参数为 cophenetic 相关系数，d 为 cophenetic 距离向量，d 与 Y 等长，c 是 d 与 Y 之间的线性相关系数。

6. inconsistent 函数

该函数用来计算系统聚类树矩阵 Z 中每次并类得到的链接的不一致系数，调用格式如下：

```
Y=inconsistent(Z)
Y=inconsistent(Z,d)
```

对于以上两种调用格式，输入参数 Z 是由 linkage 函数创建的系统聚类树矩阵，它是一个 $(n-1) \times 3$ 的矩阵，n 是原始数据中的样品个数。输入参数 d 为正整数，表示计算涉及的链接的层数，可以理解为计算的深度。默认情况下，计算深度为 2。

输出参数 Y 是 $(n-1) \times 4$ 的矩阵，它的各列的含义见表 4-5。

表 4-5　inconsistent 函数输出矩阵各列的含义

列序号	说明
1	计算涉及的所有链接长度(即并类距离)的均值
2	计算涉及的所有链接长度的标准差
3	计算涉及的链接个数
4	不一致系数

对第 k 次并类得到的链接，不一致系数的计算公式为

$$Y(k,4) = \frac{Z(k,3) - Y(k,1)}{Y(k,2)} \tag{4-37}$$

即 Z 矩阵的第 3 列元素减去 Y 矩阵的第 1 列的相应元素，然后除以 Y 矩阵的第 2 列的相应元素，就得到 Y 矩阵第 4 列的相应元素。对于叶节点，若两个叶节点并为一类，则对应的不一致系数为 0。

7. cluster 函数

该函数在 linkage 函数的输出结果的基础上创建聚类，并输出聚类结果，其调用格式如下。

(1) T=cluster(Z，'cutoff'，c)。

该格式是根据聚类树矩阵创建聚类。输入参数 Z 是由 linkage 函数创建的系统聚类树矩阵，它是 $(n-1) \times 3$ 的矩阵，n 代表原始数据中的样品个数。c 用于设定聚类的阈值，当一个节点和它的所有子节点的不一致系数小于 c 时，该节点及下面的所有节点被聚为一类。输出参数 T 是包含 n 个元素的列向量，其元素为相应观测所属的类序号。

若输入参数 c 为向量,则输出 T 是 n 行多列的矩阵,c 的每个元素对应 T 的一列。

(2) T=cluster(Z, 'cutoff', c, 'depth', d)。

设置计算的深度 d,默认情况下,计算深度为 2。

(3) T=cluster(Z, 'cutoff', c, 'criterion', criterion)。

设置聚类的标准。输入参数 criterion 为字符串,可能的取值为'inconsistent'或'distance',前者为默认情况。如果为'distance',则用距离作为标准,把并类距离小于 c 的节点及其下方的所有子节点聚为一类;如果为'inconsistent',则等同于第 1 种调用格式。

(4) T=cluster(Z, 'maxclust', n)。

用距离作为标准,创建一个最大类数为 n 的聚类。此时会找到一个最小距离,在该距离处断开聚类树形图,将样品聚类为 n 个或少于 n 个。

8. clusterdata 函数

该函数调用了 pdist、linkage 和 cluster 函数,用于由原始样本数据矩阵 X 创建系统聚类,其调用格式如下。

(1) T=clusterdata(X, cutoff)。

输出参数 T 是包含 n 个元素的列向量,其元素为相应观测所属类的类序号。输入参数 X 是 $n \times p$ 的矩阵,矩阵的每一行对应一个样品,每一列对应一个变量。cutoff 为阈值,当 0<cutoff<2 时,T=clusterdata(X, cutoff)等同于如下命令:

```
Y=pdist(X,'euclid')
Z=linkage(Y,'single')
T=cluster(Z,'cutoff', cutoff)
```

当 cutoff≥2 时,T=clusterdata(X, cutoff)等同如下命令:

```
Y=pdist(X,'euclid')
Z=linkage(Y,'single')
T=cluster(Z,'maxclust',cutoff)
```

(2) T=clusterdata(X, name1, value1, name2, value2, …)。

利用可选的成对的参数名与参数值控制聚类,可用的参数名及参数值见表4-6。

表 4-6　clusterdata 函数支持的参数、参数值及其说明

参数名	参数值	说明
'distance'	pdist 函数所支持的 metric 参数的取值	指定距离的计算方法
'linkage'	linkage 函数所支持的 method 参数的取值	指定系统聚类方法

续表

参数名	参数值	说明
'cutoff'	正实数	指定不一致系数或距离的阈值
'maxclust'	正整数	指定最大类数
'criterion'	'inconsistent'或'distance'	制定聚类的标准
'depth'	正整数	指定不一致系数的计算深度

4.3.2　*K* 均值聚类

在 MATLAB 工具箱中，与 *K* 均值聚类法相关的函数有 kmeans 函数和 silhouette 函数，下面将分别进行介绍。

1. kmeans 函数

kmeans 函数用作样品的 *K* 均值聚类，即将 *n* 个样品分为 *k* 个类。聚类过程是动态的，通过迭代使得每个点与所属类重心距离的和达到最小。默认情况下，kmeans 采用平方欧式距离。其调用格式如下。

（1）IDX=kmeans（X，k）。将 *n* 个样品分为 *k* 个类。输入参数 *X* 为 *n*×*p* 的矩阵，矩阵的每一行对应一个样品，每一列对应一个变量。输出参数 IDX 为 *n*×1 的向量，其元素为每个点所属类的类序号。

（2）［IDX，C］=kmeans（X，k）。返回 *k* 个类的重心坐标矩阵 *C*，*C* 为 *k*×*p* 的矩阵，第 *i* 行元素为第 *i* 类的类重心坐标。

（3）［IDX，C，sumd］=kmeans（X，k）。返回类内距离和（即类内各点与类重心距离之和）向量 sumd，sumd 是 1×*k* 的向量，第 *i* 个元素为第 *i* 个类的类内距离之和。

（4）［IDX，C，sumd，D］=kmeans（X，k）。返回每个点与每个类重心之间的距离矩阵 *D*，*D* 是 *n*×*k* 的矩阵，第 *i* 行第 *j* 列的元素是第 *i* 个点与第 *j* 个类的类重心之间的距离。

（5）［…］=kmeans（…，param1，val1，param2，val2，…）。允许用户设置更多的参数及参数值，用来控制 kmeans 函数所用的迭代算法。param1，param2，… 为参数名，val1，val2，…为相应的参数值。可用的参数名与参数值如表 4-7。

表 4-7　kmeans 函数支持的参数名、参数值及说明

参数名	参数值	说明
'distance'	'sqEuclidean'	平方欧式距离，为默认情形

续表

参数名	参数值	说明
'distance'	'cityblock'	绝对值距离
	'cosine'	把每个点作为一个向量，两点间距离为 1 减去两向量夹角余弦
	'correlation'	把每个点作为一个数值序列，两点间距离为 1 减去两个数值序列的相关系数
	'Hamming'	不一致字节所占的百分比，仅适用于二进制数据
'emptyaction'	'error'	把空类作为错误对待，为默认情形
	'drop'	去除空类，输出参数 C 与 D 中相应值用 NaN 表示
	'singleton'	生成一个只包含最远点的新类
'onlinephase'	'on'	执行在线更新，为默认情形。对于大型数据，可能会占用比较多的时间，但是能保证收敛于局部最优解
	'off'	不执行在线更新
'options'	由 statset 函数创建的结构体变量	用来设置迭代算法的相关选项
'replicates'	正整数	重复聚类的次数，每次聚类采用新的初始凝聚点。也可以通过设置'start'参数的参数值为 $k×p×m$ 的 3 维数组，用来设置重复聚类的次数 m
'start'	'sample'	随机选择 k 个观测作为初始凝聚点
	'uniform'	在观测值矩阵 X 中随机并均匀地选择 k 个观测作为初始凝聚点，这对于 Hamming 距离是无效的
	'cluster'	从 X 中随机选择 10%的子样本，进行预聚类，确定凝聚点。预聚类过程随机选择 k 个观测作为预聚类的初始凝聚点
	Matrix	如果为 $k×p$ 的矩阵，用来设定 k 个初始凝聚点。如果为 $k×p×m$ 的 3 维数组，则重复进行 m 次聚类，每次聚类通过相应页上的二维数组设定 k 个初始凝聚点

2. silhouette 函数

silhouette 函数是根据 cluster 函数、clusterdata 函数或 kmeans 函数的聚类结果来绘制轮廓图，从轮廓图上能看出每个点的分类是否合理。轮廓图上第 i 个点的轮廓值(silhouette value)定义为

$$S(i) = \frac{\min(\boldsymbol{b}) - a}{\max[a, \min(\boldsymbol{b})]}, \quad i = 1, 2, \cdots, n \tag{4-38}$$

式中，a 为第 i 个点与同类的其他点之间的平均距离；$\boldsymbol{b}$ 是向量，其元素是第 i 个点与不同类的类内各点之间的平均距离。

轮廓值 $S(i)$ 的取值范围为 $[-1, 1]$，$S(i)$ 值越大，说明第 i 个类的分类越合理，当 $S(i) < 0$ 时，说明第 i 个点的分类不合理，还有比目前分类更合理的分类方式。

silhouette 函数的调用格式如下。

(1) silhouette (X，clust)。

根据样品观测值矩阵 X 和聚类结果 clust 绘制轮廓图。X 是 $n \times p$ 的矩阵，每一行对应一个样品，每一列对应一个变量。clust 是聚类结果，可以是由每个观测所属类的类序号构成的数值向量，也可以是由类名称构成的字符矩阵或字符串元胞数组。silhouette 函数会把 clust 中的 NaN 或空字符作为缺失数据，从而忽略 X 中相应的观测。默认情况下，采用平方欧式距离。

(2) s=silhouette (X，clust)。

返回轮廓值向量 s，它是 $n \times 1$ 的向量，其元素为相应点的轮廓值。此时不绘制轮廓图。

(3) [s，h] =silhouette (X，clust)。

绘制轮廓图，并返回轮廓值向量 s 和图形句柄 h。

(4) […] =silhouette (X，clust，metric)。

指定距离计算的方法，绘制轮廓图。输出参数 metric 为字符串或距离矩阵，用来指定距离计算的方法或距离矩阵。silhouette 函数支持的距离参数见表 4-8。

表 4-8　silhouette 函数支持的距离参数及说明

Metric 参数值	说明
'Euclidean'	欧氏距离
'sqEuclidean'	平方欧式距离，为默认情形
'cityblock'	绝对值距离
'cosine'	把每个点作为一个向量，两点间距离为 1 减去两向量夹角余弦
'correlation'	把每个点作为一个数值序列，两点间距离为 1 减去两个数值序列的相关系数
'Hamming'	汉明距离，即不一致坐标所占的百分比
'Jaccard'	不一致的非零坐标所占的百分比
'Vector'	上三角形的距离矩阵对应的距离向量，如由 pdist 函数返回的距离向量。在这种情况下，X 是无用的，可以设定为 [ ]

4.3.3　模糊 C 均值聚类

MATLAB 模糊逻辑工具箱 (fuzzy logic toolbox) 提供了 fcm 函数来实现模糊 C 均值聚类。其调用格式为

```
[center,U,obj_fcn] =fcm(data,cluster_n)
[center,U,obj_fcn] =fcm(data,cluster_n,options)
```

其中，输入参数 data 使用聚类的数据集，它是矩阵，每一行对应一个样品，每一

列对应一个变量。cluster_n 为正整数，表示类的个数。options 为包含 4 个元素的向量，用来设置迭代的参数：第一个元素是式(4-31)所示目标函数中隶属度的幂指数，其值应大于 1，默认值为 2；第 2 个元素是最大迭代次数，默认值为 100；第 3 个元素是目标函数的终止容限，默认值为 10^{-5}；第 4 个元素用来控制是否显示中间迭代过程，若取值为 0，表示不显示中间迭代过程，否则显示。

输出参数 center 是 cluster_n 个类的类中心坐标矩阵，它是 cluster_n 行、p 列的矩阵。U 是 cluster_n 行、n 列的隶属度矩阵，它的第 i 行第 k 列元素 u_{ik} 表示第 k 个样品 x_k 属于第 i 类的隶属度，可以根据 U 中每列元素的取值来判定每个样品的归属。obj_fcn 是目标函数值向量，它的第 i 个元素表示第 i 步迭代的目标函数值，它所包含的元素的总数是实际迭代的总步数。

4.4　聚类分析的 MATLAB 实现及应用举例

4.4.1　聚类分析的 MATLAB 实现

1. 系统聚类分析

以某一频段内的太赫兹光学参数谱数据为输入变量，实现系统聚类分析的 MATLAB 主体程序如下：

```
m=[ ]; %创建一个空矩阵
m=load('数据文件名.txt');
X(:, :)=m(1:i, 1:j); %确定输入变量的范围
X=zscore(X); %对输入数据进行标准化，有时也可不进行标准化，直接对原始数据进行聚类
Y=pdist(X); %计算样品间欧氏距离，Y 为距离向量
Z=linkage(Y); %创建系统聚类树
c=cophenet(Z, Y) %计算系统聚类树的 cophenetic 相关系数
dendrogram(Z); %作聚类树形图
```

运行该程序后，将会在 MATLAB 命令行窗口显示系统聚类树的 cophenetic 相关系数，并在新的对话框中显示样品的聚类树形图。

2. K 均值聚类分析

以某一频段内的太赫兹光学参数谱数据为输入变量，实现 K 均值聚类分析的 MATLAB 主体程序如下：

```
m=[ ]; %创建一个空矩阵
m=load('数据文件名.txt');
X(:,:)=m(1: i, 1: j); %确定输入变量的范围
X=zscore(X); %对输入数据进行标准化,有时也可不进行标准化,直接对原始数据进
行聚类
Y=X([mi, mj, …, mn],:); %指定 n 个初始凝聚点,初始凝聚点的个数决定了最终
分类个数
idx=kmeans(X, n, 'Start', Y); %设置初始凝聚点,进行 K 值聚类
[S, H]=silhouette(X, idx); %绘制轮廓图,并返回轮廓值向量 S 和图形句柄 H
countryname(idx==1) %查看第 1 类的样本编号
countryname(idx==2) %查看第 2 类的样本编号
…
countryname(idx==n) %查看第 n 类的样本编号
```

运行该程序后,将会在 MATLAB 命令行窗口显示各类样本编号,并在新的
对话框中显示样品聚类的轮廓图。

4.4.2　聚类分析的应用实例

这里用 3.4.3 小节中所述的原油油头识别为例,说明针对样本太赫兹光学参
数谱的系统聚类和 K 均值聚类分析。

与主成分分析类似,聚类分析仍以 7 种原油在 0.4~2.0 频段内的折射率谱数
据和吸收系数谱数据作为输入变量。首先将原油的折射率数据和吸收系数数据分
别存储在两个 txt 文件中,分别命名为"折射率"和"吸收系数",两个文件中的
第一列数据对应第一个样本,第二列对应第二个样本,以此类推,最后一列对应
最后一个样本,同时,第一行对应 0.4THz 处的折射率或吸收系数,最后一行对
应 2.0THz 处的折射率或吸收系数,中间的数据对应 0.4~2.0THz 的数据。然后打
开 MATLAB 软件,在程序编辑窗口运行以下程序:

```
clc
clear all
m=[ ];
X=[ ];
Y=[ ];
m=load('折射率.txt');
X=m';
Y=pdist(X)
Z=linkage(Y);
```

```
disp('分类相关系数为: ');
c=cophenet(Z, Y)'
dendrogram(Z);
disp('分类结果是: ');
cluster(Z, 2)
```

运行结束后，命令行窗口显示：

```
Y=
  Columns 1 through 12
      0.0137      0.0213      0.0821      0.0379      0.0400      0.0182
0.0076   0.0684   0.0242   0.0262   0.0319   0.0608
  Columns 13 through 21
      0.0166      0.0187      0.0395      0.0441      0.0421      0.1003
0.0020   0.0562   0.0582
```

分类精度为

```
c=
   0.7894
```

分类结果是

```
ans=
   2
   2
   2
   1
   2
   2
   2
```

若将上述程序的第 6 行换成 "m=load('吸收系数.txt');"，输入数据为吸收系数，那么，命令行窗口显示：

```
Y=
  Columns 1 through 12
      4.2029      0.1005      0.1047      0.4732      1.7462      0.9337
4.1024   4.3076   4.6761   5.9491   3.2692   0.2052
  Columns 13 through 21
      0.5737      1.8467      0.8332      0.3686      1.6415      1.0384
1.2729   1.4069   2.6799
```

分类精度为

```
c=
    0.9561
```

分类结果是

```
ans=
    2
    1
    2
    2
    2
    2
    2
```

两种情况所得到的聚类树如图 4-1 所示，通过对比样品之间的欧氏距离，我们发现样品间的相似相异性与 3.4.3 小节中的主成分分析结果基本一致。例如，当折射率谱作为输入变量时，编号为 4 的原油与其他原油差异最大，而编号为 5 和 6 的原油之间差异较小。因此，对于未知原油(属于这 7 种原油中的一种，但其产地未知)的检测，可快速扫描获得未知油品的太赫兹光谱，将其与已知原油一起进行系统聚类，哪种原油与未知原油的欧氏距离最小(理论上为 0)，则该未知原油就是哪种原油；或者利用已建立好的 7 种原油的聚类模型，以该模型对未知油品进行判定分析，亦可标定未知原油为哪种原油。

此外，若采用 K 均值聚类法进行聚类分析，程序如下：

```
clc
clear all
m= [ ];
X= [ ];
Y= [ ];
m=load('折射率.txt');
X=m';
Y=X( [2, 3, 5],: );
idx=kmeans(X, 3, 'Start', Y);
[s, h]=silhouette(X, idx)
cluster1=find(idx==1)
cluster2=find(idx==2)
cluster3=find(idx==3)
```

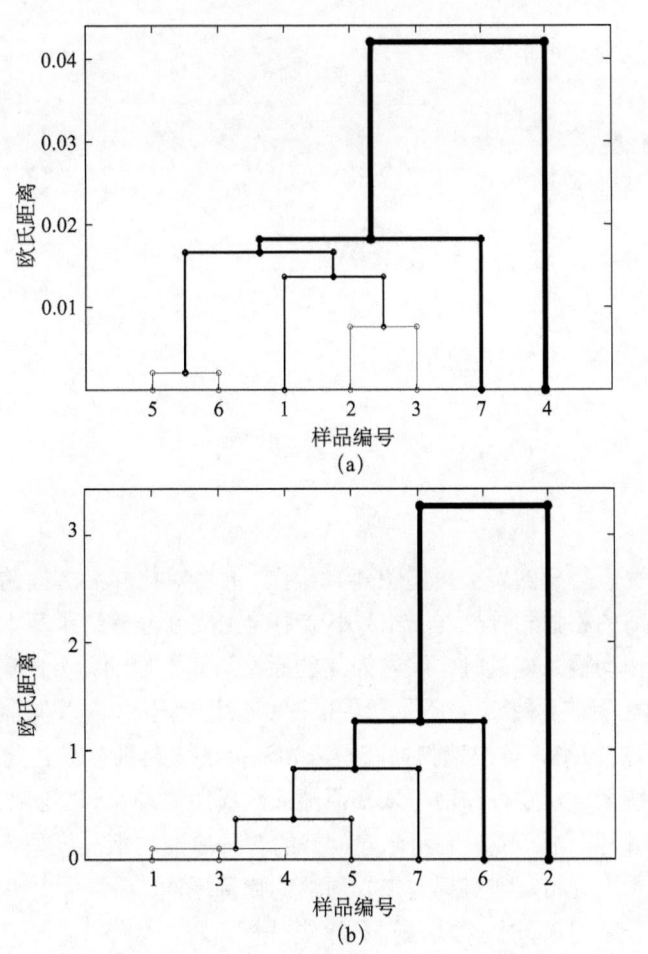

图 4-1　基于原油太赫兹折射率谱(a)和吸收系数谱(b)的系统聚类树形图[16]

运行完毕后，命令窗口显示如下结果：

```
s=
    0.6388
    0.2641
    0.7744
    1.0000
    0.8515
    0.8044
    0.8544
h=
    1
cluster1=
```

```
    1
    7
cluster2=
    2
    3
    5
    6
cluster3=
    4
```

将"m=load('折射率.txt');"换成"m=load('吸收系数.txt');",命令行窗口显示如下结果:

```
s=
    0.9084
    1.0000
    0.9211
    0.8824
    0.5883
    1.0000
    0.8390
h=
    1
cluster1=
    2
cluster2=
    1
    3
    4
    5
    7
cluster3=
    6
```

K 均值聚类结果如图 4-2 所示,结合命令行窗口的显示结果,即各样品的分类情况,可得知此次聚类结果与上述系统聚类结果基本一致。因此,系统聚类分析法和 K 均值聚类分析法均可作为原油油头识别的有效分析方法。

太赫兹技术用于同类型但不同样本的定性鉴别,如原油识别具有较大的优点,太赫兹技术结合聚类分析方法更能使定性检测具有更大的准确性、直观性。

首先统计分析方法在数据处理过程中把太赫兹频段的所有数据用于计算，即样品数据足以代表样品的全部原始信息，增加了实验结果的可信度；第二，统计分析法的一项重要特点是对系统噪声不敏感，在处理过程会尽可能掩盖噪音信息，从而放大样品信息；第三，统计分析方法对处理结果的表示方式，为样品的太赫兹光谱检测提供了一种更直观的表现形式，通过观察统计分析方法的处理结果，就可以直观了解样本之间的相似相异性。

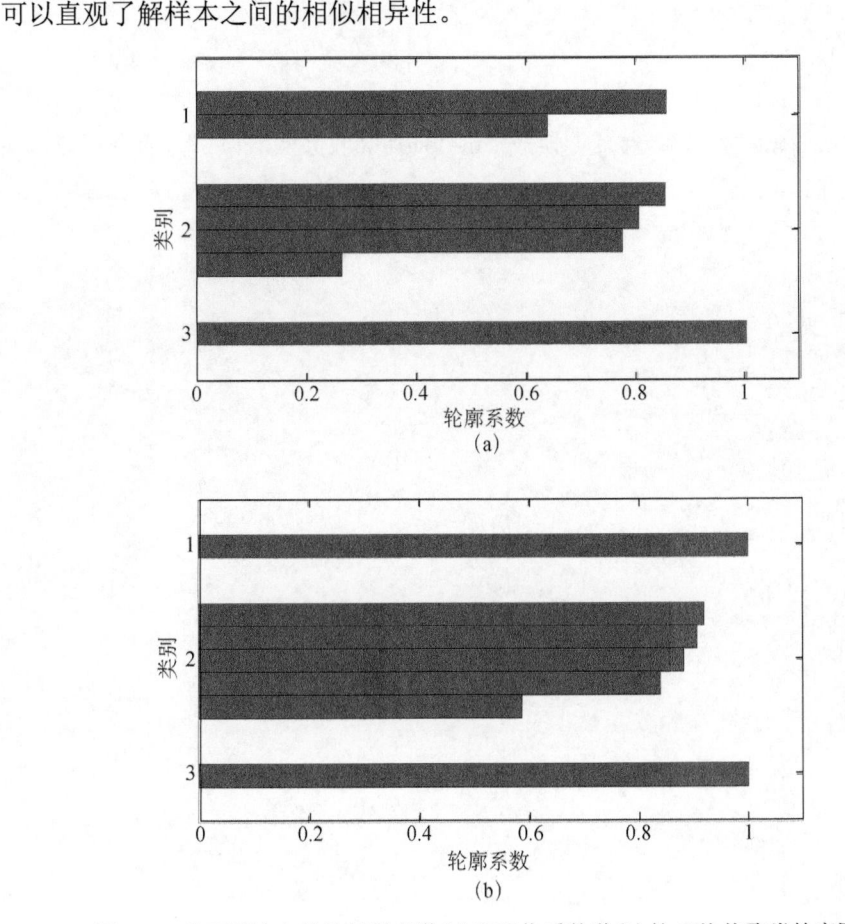

图 4-2　基于原油太赫兹折射率谱(a)和吸收系数谱(b)的 K 均值聚类轮廓图

第 5 章　人工神经网络

随着计算机技术的迅猛发展以及对大脑认识的不断深入，人工智能的研究也逐渐发展起来。人工智能的研究有实现功能的模拟和生理结构的模拟两种方法。前者从人的思维活动和智能行为的心理学特征出发，利用计算机系统，对人脑智能进行宏观功能的模拟，这是建立在心理学基础上的研究方法，即符号处理方法。后者是从人脑的生理结构出发，探讨人类智能活动的机理，从生理结构上进行模拟，探索人脑的生理结构，把对人脑的微观结构及智能行为的研究结合起来，这就是人工神经网络(artificial neural networks，ANN)的研究方法。

本章将详细介绍人工神经网络的概念、学习、类型、MATLAB 函数，并结合太赫兹光谱应用于油气资源表征的实例介绍人工神经网络的 MATLAB 实现。

5.1　人工神经网络基础

5.1.1　人工神经网络的概念

人工神经网络就是基于模仿生物大脑的结构和功能，采用数学和物理方法进行研究而构成的一种信息处理系统或计算机。

人工神经网络的计算方式源于人类对信息的思考和处理方式。人是地球上具有最高智慧的动物，人的智能均来自于大脑，人类靠大脑进行思考、联想、记忆和推理。人类大脑具备难以置信的能力，尽管每一个神经细胞仅仅工作于大约100Hz 的频率，但各个神经细胞都以独立处理单元的形式工作着，这使人类的大脑具备如下特点。

1. 无监督的学习

大脑可以自己进行学习，不需要导师的监督指导。如果一个神经细胞在一段时间内受到高频率的刺激，则和输入信号的神经细胞之间的连接强度就会按照某种过程改变，使得该神经细胞下一次受到激励时更容易兴奋。加拿大著名心理学家、认知心理生理学的开创者唐纳德.赫布(Donald Olding Hebb)针对上述结论，曾在 *The Organization of Behavior* 一书中写到："当神经细胞 A 的一个轴突重复地或持久地激励另一个神经细胞 B 后，则其中的一个或同时两个神经细胞就会发生一种生长过程中或新陈代谢式的变化，使激励 B 细胞之一的 A 细胞的效能会增加。"

2. 对损伤有冗余性

即便大脑有很大一部分受到了损伤，但它仍然能执行复杂的工作。在大脑中，知识并不是保存在一个局部地方，而且如果大脑的一小部分受到损伤，神经细胞仍能不损伤地重新生长出来。

3. 处理信息的效率极高

神经细胞之间电-化学信号的传递与一台数字计算机中 CPU 的数据传输相比，速度是非常慢的，但因神经细胞采用了并行的工作方式，能使得大脑同时处理大量的数据。

4. 善于归纳推广

大脑擅长模式识别，并能根据已熟悉信息进行归纳推广。因此，一个人工神经网络需要在数字计算机现有规模的约束下模拟这种大量的并行性，在实现这一工作时使得它能显示许多和生物学大脑相类似的特性。

5.1.2 人工神经网络的发展史

神经网络系统理论的发展历史是不平衡的，自 1943 年心理学家 McCulloch 和数学家 Pitts 提出神经元生物学模型(简称 M-P 模型)以来，已经有 70 余年的历史。从 M-P 模型提出到 20 世纪 60 年代为止，神经网络发展的主要特点是多种网络模型的产生与学习算法的确定。例如，1943 年 McCulloch 和 Pitts 在已知的神经细胞生物学基础上，从信息处理角度出发，总结了生物神经元的一些基本生理特性，提出了形式神经元的数学描述和结构方法；1949 年 Hebb 对此进行了提高，提出了神经元之间突触的连接强度可变的假设，建立了现在称为 Hebb 学习规则的连接权训练算法，Hebb 学习规则为人工神经网络的学习算法奠定了基础；1957 年，Rosenblatt 提出了具有 3 层结构的人工神经网络模型，即著名的感知机 (perceptron) 模型，该模型由简单的阈值型神经元组成，通过学习改变连接权值，能够将类似的或不同的模式进行正确分类，初步具备了诸如学习性、并行处理、分布存储等神经网络的一些基本特征，Rosenblatt 的感知机模型为人工神经网络的发展奠定了基础。以上模型和算法在很大程度上丰富了神经网络系统理论。

随后，人工神经网络系统理论的发展开始进入一个低潮时期，但仍有很多科学家坚持开展研究，并提出了很多种不同的网络模型。Grossberg 是其中的代表，他和他的夫人 Carpenter 1958 年提出了著名的自适应共振理论(addative resonance theory，ART) 模型，深入研究了心理学和生物学的处理以及人类信息处理的现象，把思维和大脑紧密地结合在一起，形成了统一的理论。

随后人工神经网络系统理论又迎来了发展的黄金时期。美国加州理工学院的物理学家 John Hopfield 是这段时间最具标志性的人物，他先后于 1982 年和 1984 年在美国科学院院刊上发表了两篇文章，提出了一种新颖的人工神经网络模型，这就是著名的 Hopfield 模型。该模型的创新之处在于引入了物理力学分析方法，将网络作为一个动态系统，并研究这种动态系统的稳定性。Hopfield 教授指出：对已知的网络状态存在一个正比于每个神经元的活动值和神经元之间的连接权的能量函数，网络活动的变化向着能量函数减小的方向进行，直到达到一个极小值，即在一定条件下网络可以达到稳定状态。Hopfield 教授对 Hopfield 模型的电子电路实现为神经网络计算机的研究奠定了基础，同时开辟了人工神经网络用于联想记忆和优化计算的新途径。继 Hopfield 教授之后，又涌现出一批科学家，在人工神经网络理论和应用研究方面作出了重要贡献，例如，Ginton 和 Sejnowski 借助于统计物理学的概念和方法，为 Hopfield 模型引入随机机制，并提出了一种随机神经网络模型——玻尔兹曼机，其运行和学习过程采用模拟退火算法，有效地克服了 Hopfield 网络存在的能量局部极小值问题；Rumelhart 和 McCelland 提出了并行分布式处理(parallel distributed processing，PDP)网络思想，对人工神经网络研究新高潮的到来起到了推动作用。不过，他们最重要的贡献是提出了适用于多层神经网络模型的误差反向传播(error back-propagation，BP)学习算法，能够将学习结果反馈到中间层的隐含节点中，解决了多神经网络的学习问题。目前，该算法已经成为影响最大的一种人工神经网络学习方法。

近二十多年来，随着计算机科学尤其是人工智能技术的迅猛发展，人工神经网络的理论、应用、实现以及开发工具均以令人振奋的速度在发展，科学家们提出了许多不同信息处理能力的神经网络模型，神经网络理论已经成为涉及神经生理科学、认知科学、数理科学、心理学、信息科学、计算机科学、微电子学、光学和生物电子学等多学科交叉、综合的前沿科学。除此之外，将人工神经网络学习算法应用在石油资源的太赫兹光谱表征与评价中，发现该算法适用于提取油气资源的太赫兹光谱特征，建立油气资源物性参数的训练模型，同步预测样本的多个参数或变量。关于油气资源表征评价过程中人工神经网络的具体应用，本章将进行详细的介绍。

5.1.3 人工神经网络的特点

人工神经网络具有如下特点。

(1)固有的并行结构和并行处理特性。人工神经网络与人类大脑类似，是由大量的简单处理单元相互连接构成的高度平行的非线性系统。人工神经网络不但在结构上是并行的，而且在处理顺序上也是并行和同时的。

(2)知识的分布存储特性。在人工神经网络中，知识不是存储在特定的存储单元中，而是分布存储在整个网络的所有连接权中，一个神经网络可以存储多种信息，每个神经元的连接权中存储的是多种信息的一部分。当一个神经网络获得一个输入激励时，它要在已经存储的知识中寻找与该输入匹配最好的知识作为解。

(3)良好的容错性。人工神经网络的知识分布存储特性使得人工神经网络具有良好的容错性。当输入是一些模糊、变形等不完善的数据和信息时，人工神经网络能够通过联想恢复完整的记忆，从而实现对不完整输入信息的准确识别。

(4)高度非线性及计算的非精确性。人工神经网络是由大量简单处理原件相互连接构成的高度并行的非线性系统，结构的并行性和知识的分布存储使其信息的存储与处理表现出空间上分布、时间上并行的特点，这些都使得整个网络呈现出了高度的非线性特点。同时，神经网络能够处理连续的模拟信号以及不精确的、不完全的模糊信息，这使得人工神经网络给出的通常是满意解而不是精确解。

(5)自学习、自组织和自适应性。自适应性是指一个系统能够改变自身的性能以适应环境变化的能力，通常包含自学习和自组织两方面的特性。自学习是指当外部环境发生变化时，经过一段时间的训练或感知，人工神经网络可对给定输入产生期望的输出。自组织是指人工神经网络通过训练可以自行调节连接权值，已逐步构建适应于不同信息处理要求的神经网络。

人工神经网络的以上特点，使其在联想记忆、非线性映射、分类识别与优化计算方面具有较好的应用前景[18]。

5.1.4 人工神经元模型

为了描述模拟大脑的基本特性，在神经科学的基础上提出了神经网络的模型。但是人工神经网络并不是人脑神经系统的真实描绘，并没有完全反映大脑的功能，只是对人脑的某种抽象、简化和模拟。神经网络的信息处理通过神经元的相互作用来实现，知识与信息的存储表现为网络元件互连分布式的物理联系。神经网络的学习和识别取决于各种神经元连接权系数的动态演化过程。

1．人工神经元的数学模型

人工神经元是对生物神经元结构和功能的模拟，是对生物神经元的形式化描述，是对生物神经元的信息处理过程的抽象。作为人工神经网络的基本处理单元，人工神经元一般表现为一个多输入、单输出的非线性器件，其通用的结构模型如图 5-1 所示。

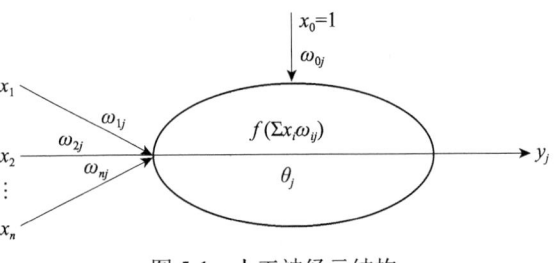

图 5-1　人工神经元结构

神经元可用数学表达式进行抽象和概括。令 $x_i(t)$ 表示 t 时刻神经元 j 接收的来自神经元 i 的输入信息，$o_i(t)$ 表示 t 时刻神经元 j 的输入信息，则神经元 j 的状态可表达为

$$o_j(t) = f\left\{\left[\sum_{i=1}^{n} \omega_{ij} x_i(t - \tau_{ij})\right] - T_j\right\} \tag{5-1}$$

式中，τ_{ij} 为输入输出间的突触时延；T_j 为神经元 j 的阈值；ω_{ij} 为神经元 i 到 j 的突触连接系数或权重值；$f()$ 为神经元变换函数。

若将式（5-1）的突触时延取为单位时间，则

$$o_j(t+1) = f\left\{\left[\sum_{i=1}^{n} \omega_{ij} x_i(t)\right] - T_j\right\} \tag{5-2}$$

式中，输入 x_i 的下标 $(i=1, 2, \cdots, n)$，输出 o_j 的下标 j 体现了神经元模型的多输入单输出；权重 ω_{ij} 的正负体现了突触的兴奋或抑制。假定"输入总和"成为神经元在 t 时刻的净输入，用下式表示：

$$net_j^{'}(t) = \sum_{i=1}^{n} \omega_{ij} x_i(t) \tag{5-3}$$

$net_j^{'}(t)$ 体现了神经元 j 的空间整合特性而未考虑时间整合，当

$$net_j^{'}(t) > T_j \tag{5-4}$$

时，神经元才能被激活。$o_j(t+1)$ 与 $x_j(t)$ 之间的单位时差代表所有神经元具有相同的恒定的工作节律。

为简便起见，常将式(5-3)中的 (t) 省略，可表示为权重向量 $\boldsymbol{W}_j$ 和输入向量 $\boldsymbol{X}$ 的点积：

$$net_j' = \boldsymbol{W}_j^{\mathrm{T}} \cdot \boldsymbol{X} \tag{5-5}$$

式中，权重向量 $\boldsymbol{W}_j$ 和输入向量 $\boldsymbol{X}$ 均为列向量，分别定义为

$$\boldsymbol{W}_j = (\omega_{1j}, x_{2j}, \cdots, x_{nj})^{\mathrm{T}} \tag{5-6}$$

$$\boldsymbol{X}_j = (x_1, x_2, \cdots, x_n)^{\mathrm{T}} \tag{5-7}$$

若令 $x_0 = -1$，$\omega_{0j} = T_j$，则有 $-T_j = x_0\omega_{oj}$，因此净输入与阈值之差可表达为

$$net_j' - T_j = net_j = \sum_{i=0}^{n} \omega_{ij}x_i = \boldsymbol{W}_j^{\mathrm{T}}\boldsymbol{X} \tag{5-8}$$

综合上述各式，人工神经元的数学模型可简化为

$$o_j = f(net_j) = f(\boldsymbol{W}_j^{\mathrm{T}}\boldsymbol{X}) \tag{5-9}$$

2. 转移函数

人工神经元的数学模型主要包括三部分功能：加权、求和和转移。不同的人工神经网络数学模型的主要区别在于采用了不同的转移函数，使人工神经元具有不同的信息处理特性。简单来讲，转移函数的作用就是将可能的无限域变换到一个指定的有限范围内输出，反映了神经元输入信号与其激活状态之间的关系，类似于生物神经元具有的非线性转换特性。常见的转移函数包括线性函数、阈值型函数、非线性变换函数与概率型函数。

1)线性函数

线性函数是最简单的转移函数，其数学表达式为

$$y = f(s) = ks \tag{5-10}$$

式中，y 为输出值；s 为输入信号的加权和；k 是常数，表示线性函数的斜率。

当线性函数限定在 $\pm r$ 取值范围内时，式(5-10)就变成了非线性分段函数，即

$$y = \begin{cases} r, & s \geq r \\ ks, & |s| < r \\ -r, & s \leq -r \end{cases} \tag{5-11}$$

其中，$\pm r$ 分别为人工神经元的最大输出和最小输出，称为饱和值。一般情况下 $|r| = 1$。

2) 阈值型函数

除式 (5-11) 外，还存在两个常用的转移函数：阶跃函数及符号函数 (sgn(·))。

阶跃函数的定义是

$$y = f(s) = \begin{cases} 1, & s > 0 \\ 0, & s \leqslant 0 \end{cases} \tag{5-12}$$

符号函数的定义为

$$y = f(s) = \begin{cases} 1, & s > 0 \\ -1, & s \leqslant 0 \end{cases} \tag{5-13}$$

由此可见，阶跃函数和符号函数非常类似，输出均为两种状态，且当输出 1 时，神经元为兴奋状态，而当输出为 0 或 -1 时，神经元为抑制状态。

3) 非线性变换函数

最常用的非线性变换函数是单极性的 Sigmoid 函数曲线 (简称 S 型函数) 及双极性 S 型函数 (双曲正切函数)，单极性 S 型函数定义为

$$y = f(s) = \frac{1}{1 + e^{-s}} \tag{5-14}$$

而双曲正切函数定义为

$$y = f(s) = \frac{2}{1 + e^{-s}} - 1 = \frac{1 - e^{-s}}{1 + e^{-s}} \tag{5-15}$$

4) 概率型函数

采用概率型变换函数意味着神经元的输入与输出之间的关系是不确定的，需要用一个随机函数来描述其输出状态为 1 或为 0 的概率。设神经元输出为 1 的概率为

$$P(1) = \frac{1}{1 + e^{-x/T}} \tag{5-16}$$

式中，T 为温度参数。

由于采用该变换函数的神经元输出状态分布与热力学中的玻尔兹曼 (Boltzmann) 分布相类似，因此采用这种转换函数的神经元模型也称为热力学模型。

5.1.5 M-P 模型

根据生物神经细胞的结构和功能，提出的人工神经元模型有几百种，但最具影响力是美国心理学家 McMulloch 和数学家 Pitts 共同提出的人工神经元数学模型，称为 M-P 神经元模型，它是大多数人工神经网络模型的基础[19]。

1. 标准 M-P 模型

人工神经网络中的任一神经元都与其他多个神经元相互连接和相互作用。在 M-P 神经元模型中，考虑 n 个相互连接的神经元。设神经元 j 的输入向量为

$$\boldsymbol{X}_j = (x_1, x_2, \cdots, x_n)^{\mathrm{T}} \tag{5-17}$$

式中，$x_i(i=1,2,\cdots,n)$ 表示第 i 个输入神经元的输入，是神经元 j 的多个输入之一，n 表示神经元的个数。

输入神经元节点连接到神经元节点 j 的加权向量为

$$\boldsymbol{\omega}_j = (\omega_{1j}, x_{2j}, \cdots, x_{nj})^{\mathrm{T}} \tag{5-18}$$

式中，$\omega_{ij}(i=1,2,\cdots,n)$ 表示从第 i 个输入神经元节点到节点 j 的加权值（神经元节点 i 与神经元节点 j 之间的连接强度）。

神经元 j 的阈值为 θ_j，可得神经元 j 的输入加权和为

$$s_j = \sum_{i=1}^{n} x_i \omega_{ij} - \theta_j \tag{5-19}$$

在 M-P 神经元模型中，各个神经元的输出状态均为 0 或 1，所采用的转移函数为阶跃函数，即神经元 j 的输出状态为

$$y_j = f(s_j) = \begin{cases} 1, & s_j > 0 \\ 0, & s_j \leqslant 0 \end{cases} \tag{5-20}$$

如果用 $x_0 = 1$ 的固定偏置输入节点表示阈值节点，则它与神经元 j 之间的连接强度为

$$\omega_{0j} = -\theta_j \tag{5-21}$$

那么输入向量可改写为

$$\boldsymbol{X}_j = (x_0, \ x_1, \ x_2, \cdots, \ x_n)^{\mathrm{T}} \tag{5-22}$$

输入神经元节点 i 到神经元节点 j 的加权向量为

$$\boldsymbol{\omega}_j = (\omega_{0j}, \ \omega_{1j}, \ x_{2j}, \cdots, \ x_{nj})^{\mathrm{T}} \tag{5-23}$$

神经元 j 的输入加权和为

$$s_j = \sum_{i=0}^{n} x_i \omega_{ij} = \sum_{i=1}^{n} x_i \omega_{ij} - \theta_j \tag{5-24}$$

那么，神经元 j 的输出为

$$y_j = f(s_j) = f\left(\sum_{i=0}^{n} x_i \omega_{ij}\right) = f(\boldsymbol{W}_j^{\mathrm{T}} \boldsymbol{X}_j) = \begin{cases} 1, & s_j > 0 \\ 0, & s_j \leqslant 0 \end{cases} \tag{5-25}$$

2. 延时 M-P 模型

标准 M-P 模型未能反映出生物神经元的突触延时特性，为了表示 M-P 模型的延时特性，可对标准 M-P 模型进行如下改进：

$$y_j = f(s_j)$$

$$= f\left(\sum_{i=1}^{n} \omega_{ij} x_i(t-\tau_{ij}) - \theta_j\right)$$

$$= \begin{cases} 1, & \omega_{ij} x_i(t-\tau_{ij}) > \theta_j \\ 0, & \omega_{ij} x_i(t-\tau_{ij}) \leq \theta_j \end{cases} \quad (5\text{-}26)$$

式中，τ_{ij} 为神经元 i 和神经元 j 之间的突触特性，使所有的神经元都有相同的、恒定的工作节奏，工作节奏取决于突触时延 τ_{ij}。

此外，若神经元之间的突触时延为常数，那么神经元之间的连接权也为常数，即

$$\omega_{ij} = \begin{cases} 1, & x_i \text{为兴奋性输入} \\ 0, & x_i \text{为抑制性输入} \end{cases} \quad (5\text{-}27)$$

3. 改进的 M-P 模型

延时 M-P 模型虽然反映了生物神经元的突触延时特性，但并没有考虑突触传递的不应期和生物神经元的时间整合功能。为了反映突触不应期和时间整合功能，可对延时 M-P 模型进行进一步改进，可得

$$y_j(t) = f\left(\sum_{j=1}^{n} \omega_{jj} x_j(t-k\tau_{jj}) + \sum_{i=1}^{n} \omega_{ij} x_i(t-k\tau_{ij}) - \theta_j\right) \quad (5\text{-}28)$$

式中，$\sum_{i=1}^{n} \omega_{ij} x_i(t-k\tau_{ij})$ $(k=1, 2, \cdots, n)$ 表示对过去的所有输入进行时间整合，其中的 ω_{ij} 随 k 变化，且

$$\omega_{ij}(k) \begin{cases} > 0, & \text{兴奋性突触} \\ \leq 0, & \text{抑制性突触} \end{cases} \quad (5\text{-}29)$$

而式 (5-28) 中的 $\omega_{jj}(k)$ 表示神经元内的反馈连接权值，且

$$\omega_{jj}(k) = \begin{cases} -\alpha, & \theta_j = \infty \quad (\text{绝对不应期}) \\ -h(k), & \beta < \theta_j < \infty \quad (\text{相对不应期}) \\ 0, & \theta_j \leq \beta \quad (\text{反应期}) \end{cases} \quad (5\text{-}30)$$

式中，α 为正整数；$h(k)$ 为单调递减的指数函数。

M-P 模型经改进后，可反映生物神经元的结构可塑性，其中的连接权值 $\omega_{ij}(k)$

可以增大，亦可以减小。

5.1.6　人工神经网络的学习

学习可定义为：根据与环境的相互作用而发生的行为改变，其结果导致对外界刺激产生反应的新模式的建立。人类具有学习能力，作为模拟人类大脑结构和功能的人工神经网络也具有学习能力。学习离不开训练，学习过程就是一种经过训练而使个体在行为上产生较为持久改变的过程，因此任何一个人工神经网络模型要实现某种功能必须先对其进行训练，而人工神经网络的学习过程实际上就是对网络连接权值进行不断调整的过程，学习完毕，网络连接权值也就调整完毕，学习到的知识就分布存储在网络的各个连接权上。

人工神经网络的学习算法很多，根据评价标准的不同，人工神经网络的学习方式一般可以归结为 3 类，分别是有指导的学习、无指导的学习以及灌输式的学习。

（1）有指导的学习。有指导的学习亦称有导师学习或监督学习，这种学习模式用的是纠错规则，对于网络输出的正确性给出一个评价标准。在训练过程中，不断地为网络成对提供一个输入模式和期望输出模式，网络将根据实际输出与期望输出的比较结果，判断差错的方向和大小，按一定的规则调整权值，以使网络的实际输出结果接近期望输出值。

（2）无指导的学习。亦称无导师学习或无监督学习。在学习过程中，没有给定关于正确性的评价标准，需要不断地给网络提供动态输入信息，网络能根据特有的内部结果和学习规则，在输入信息中发现任何可能存在的模式和规律，并根据网络的功能和输入信息调整权值，对属于同一类的模式进行自动分类。在这种学习模式中，网络的权值调整不取决于外部评价标准，而认为网络的学习标准隐含于网络内部。

（3）灌输式的学习。在灌输式的学习模式中，提前将神经网络设计成能记忆某种特定例子的模式，以后当给定有关例子的输入信息时，就可以回忆出这个特定的模式。灌输式学习中网络的权值不是通过训练逐渐形成的，而是通过某种设计方法得到的。连接权值设计完成后一次性地灌输给神经网络且不再变动。因此，在灌输式的学习方式中，网络连接权值的学习是"死记硬背"式的，而不是训练式的。

1. Hebb 学习规则

Hebb 学习规则是最早提出的一种人工神经网络学习规则，是人工神经网络发展初期最著名的学习规则。Hebb 学习规则基于以下假设。

(1) 在人工神经网络中，信息存储于连接权中。

(2) 连接权的训练速率正比于神经元各激活值之积。

(3) 连接是对称的，神经元 A 到 B 的连接权与神经元 B 到 A 的连接权相等。

(4) 在学习训练中，连接权的强度和类型发生变化，这种变化建立起细胞之间的连接。

也就是说，当神经元 i 与神经元 j 同时处于兴奋状态时，两者之间的连接强度应增强。

Hebb 学习规则中，学习信号简单地等于神经元的输出：

$$r = f(W_j^T X) \tag{5-31}$$

权向量的调整公式为

$$\varLambda W_j = \eta f(W_j^T X)X \tag{5-32}$$

权向量中，每个分量可由下式调整：

$$\varLambda \omega_{ij} = \eta f(W_j^T X)x_i = \eta o_j x_i, \quad i = 0,1,\cdots,n \tag{5-33}$$

因此，权值调整量与输入输出的乘积成正比。

Hebb 学习规则是一种无导师学习，该规则至今仍在各种人工神经网络模型中起着重要作用。

2. 感知器学习规则

感知器学习规则是由美国学者 Rosenblatt 提出的具有自学习能力的单层计算单元的神经网络结构。感知器的学习规则规定，学习信号等于神经元的期望输出与实际输出之差，即

$$e = d_j - y_j \tag{5-34}$$

式中，d_j 为神经元 j 的期望输出；y_j 为神经元 j 的实际输出。

$$y_j = f(W_j^T X) \tag{5-35}$$

感知器采用符号函数为变换函数，即

$$y_j = f(W_j^T X) = \mathrm{sgn}(W_j^T X) - \begin{cases} 1, & W_j^T X \geqslant 0 \\ -1, & W_j^T X < 0 \end{cases} \tag{5-36}$$

因此，神经元 i 到神经元 j 之间的连接权值调整公式为

$$\Delta W_j = \eta \left[d_j - \mathrm{sgn}(W_j^T X) \right] X \tag{5-37}$$

即

$$\Delta \omega_{ij} = \eta \left[d_j - \mathrm{sgn}(W_j^T X) \right] x_i, \quad i = 0,1,\cdots,n \tag{5-38}$$

式中，η 为学习速率参数，$\eta>0$；x_i 为节点 i 的输出，它是提供给节点 j 的输入之一。

3. δ 学习规则

1986 年，认知心理学家 McClelland 和 Rumelhart 在神经网络训练中引入了 δ 规则，该规则可称为连续感知器学习规则。δ 规则的学习信号规定为

$$r = (d_j - y_j)y_j'$$
$$= [d_j - f(\boldsymbol{W}_j^{\mathrm{T}}\boldsymbol{X})]f'(\boldsymbol{W}_j^{\mathrm{T}}\boldsymbol{X})$$
$$= (d_j - y_j)f'(\mathrm{net}_j) \tag{5-39}$$

该式定义的学习信号称为 δ，其中 $f'(\boldsymbol{W}_j^{\mathrm{T}}\boldsymbol{X})$ 是变换函数的导数，也就是说 δ 规则要求变换函数可导。

实际上，δ 规则很容易由输出值和期望值的最小平方误差条件推导出来。首先，定义神经元 j 的期望输出与实际输出之间的平方误差为

$$E = \frac{1}{2}(d_j - y_j)^2$$
$$= \frac{1}{2}[d_j - f(\boldsymbol{W}_j^{\mathrm{T}}\boldsymbol{X})]^2 \tag{5-40}$$

其中，误差 E 是权向量 $\boldsymbol{W}_j$ 的函数，要使误差 E 达到最小，$\boldsymbol{W}_j$ 应与误差的负梯度成正比，即

$$\Delta\boldsymbol{W}_j = -\eta\nabla E \tag{5-41}$$

式中，误差梯度为

$$\nabla E = -(d_j - y_j)f'(\boldsymbol{W}_j^{\mathrm{T}}\boldsymbol{X})\boldsymbol{X} \tag{5-42}$$

因此，

$$\Delta\boldsymbol{W}_j = -\eta\nabla E = \eta(d_j - y_j)f'(\boldsymbol{W}_j^{\mathrm{T}}\boldsymbol{X})\boldsymbol{X} \tag{5-43}$$

那么，调整神经元 i 到神经元 j 之间的连接权值的方法 ω_{ij} 为

$$\Delta\omega_{ij} = \eta(d_j - y_j)f'(\boldsymbol{W}_j^{\mathrm{T}}\boldsymbol{X})x_i, \quad i = 0, 1, \cdots, n \tag{5-44}$$

δ 学习规则是梯度下降学习规则的一种特例，BP 人工神经网络采用的学习规则也是由梯度算法推导而来，类似于 δ 学习规则，但比 δ 学习规则更复杂，是一种一般化的 δ 学习规则。

4. Widrow-Hoff 学习规则

1962 年，Bernard Widrow 和 Marcian Hoff 提出了 Widrow-Hoff 学习规则，该规则使神经元的期望输出与实际输出之间的平方差最小，因此也称最小均方差 (LMS) 学习规则。

LMS 学习规则的学习信号为

$$e = d_j - y_j = d_j - \boldsymbol{W}_j^{\mathrm{T}} \boldsymbol{X} \qquad (5\text{-}45)$$

调整神经元 i 到神经元 j 之间的连接权值的方法 ω_{ij} 为

$$\Delta \omega_{ij} = \eta (d_j - \boldsymbol{W}_j^{\mathrm{T}} \boldsymbol{X}) x_i, \quad i = 0, 1, \cdots, n \qquad (5\text{-}46)$$

实际上，如果在 δ 学习规则中假设神经元变换函数为

$$f(\boldsymbol{W}_j^{\mathrm{T}} \boldsymbol{X}) = \boldsymbol{W}_j^{\mathrm{T}} \boldsymbol{X} \qquad (5\text{-}47)$$

此时，式(5-44)和式(5-47)相同，因此 LMS 学习规则可看作是 δ 学习规则的一种特殊情况。该学习规则与神经元采用的变换函数无关，不需要对变换函数求导数，它不仅学习速度快，而且具有较高的精度，且权值可初始化为任意值。

5. 相关学习规则

相关学习规则仅根据相互连接的神经元的激活水平调整连接权值，经常应用在能够实现自联想记忆的人工神经网络模型中，用于实现特殊记忆状态的死记硬背式学习。

相关学习规则规定学习信号为

$$r = d_j \qquad (5\text{-}48)$$

易得

$$\Delta \boldsymbol{W}_j = \eta d_j \boldsymbol{X} \qquad (5\text{-}49)$$

则调整神经元 i 到神经元 j 之间的连接权值的方法 ω_{ij} 为

$$\Delta \omega_{ij} = \eta d_j x_i, \quad i = 0, 1, \cdots, n \qquad (5\text{-}50)$$

这里需要注意的是，Hebb 学习规则是无导师学习，而相关学习规则是有导师学习，这种学习规则要求将权值初始化为零。

5.2　神经网络 MATLAB 工具箱函数

人工神经网络的 MATLAB 工具箱中存储了丰富的函数，既有针对某一类型神经网络的函数，如感知器的创建函数、BP 网络的训练函数，也有通用的函数，几乎可以用于所有类型的神经网络，如神经网络仿真函数、初始化函数和训练函数等[20]。

5.2.1　神经网络通用函数

通用的人工神经网络工具函数表(表 5-1)中列出了人工神经网络中重要通用

函数的名称和用途。

表 5-1　人工神经网络通用函数类型和用途

函数类别	函数名称	函数用途
神经网络仿真函数	sim	针对给定的输入，得到网络输出
神经网络训练函数	train	调用其他训练函数，对网络进行训练
	trainb	对权值和阈值进行训练
	adapt	自适应函数
神经网络学习函数	learnp	网络权值和阈值的学习
	learnpn	标准学习函数
初始化函数	init	对网络进行初始化
	initlay	多层网络的初始化
	initnw	利用 Nguyen-Widrow 准则对层进行初始化
	initwb	调用指定的函数对层进行初始化
神经网络输入函数	netsum	输入求和函数
	netprod	输入求积函数
	concur	使权值向量和阈值向量的结构一致
传递函数	harlim	硬限幅函数
	hardlims	对称硬限幅函数
其他	dotprod	权值求积函数

1. 神经网络仿真函数

MATLAB 工具箱中，sim 函数用于对神经网络进行仿真。sim 函数的调用格式为

$[\,Y,Pf,Af,E,perf\,]=sim(net,P,Pi,Ai,T)$

$[\,Y,Pf,Af,E,perf\,]=sim(net,\{Q\ TS\},Pi,Ai,T)$

$[\,Y,Pf,Af,E,perf\,]=sim(net,Q,Pi,Ai,T)$

各输入输出变量的含义如下：Y 为函数返回值，网络输出；Pf 为函数返回值，最终输出延迟；Af 为函数返回值，最终的层延迟；E 为函数返回值，网络误差；Perf 为函数返回值，网络性能；Net 为待仿真的神经网络；P 为网络输入；Pi 为初始输入延迟，默认为 0；Ai 为初始的层延迟，默认为 0；T 为网络目标，默认为 0；Q 为批处理的个数；TS 为网络仿真的时间步数。其中，前两种格式用于没有输入的网络。

2. 神经网络训练函数

1) train 函数

该函数的功能就是对神经网络进行训练，调用格式为

[net, tr, Y, E, Pf, Af] =train(NET, P, T, Pi, Ai)

[net, tr, Y, E, Pf, Af] =train(NET, P, T, Pi, Ai, VV, TV)

各变量的含义如下：NET 为训练前的网络；P 为网络的输入向量矩阵；T 为网络的目标矩阵，默认为 0；Pi 为初始输入延迟，默认为 0；Ai 为初始的层延迟，默认为 0；VV 为网络结构验证向量，默认为空；TV 为网络结构测试向量，默认为空；Net 为函数返回值，训练后的网络；Tr 为函数返回值，训练记录，包括步数和性能；Y 为函数返回值，神经网络输出向量；E 为函数返回值，神经网络误差向量；Pf 为函数返回值，训练终止时的输入延迟状态；Af 为函数返回值，训练终止时的层延迟状态；train 函数在对网络进行训练之前，需要先设定实际的训练函数，如 trainlm 函数，然后该函数调用相应的算法对网络进行训练，所以，train 函数只是调用设定的或默认的训练函数对网络进行训练。

2) trainb 函数

该函数用于神经网络权值和阈值的训练，其调用格式为

[NET, TR, Ac, El] =trainb(net, Pd, Tl, Ai, Q, TS, VV, TV)

其中，NET 为训练后的神经网络；TR 为训练记录，包括 TR.epoch 是仿真步数；TR.perf 代表训练性能；TR.vperf 代表确认性能；TR.tperf 代表测试性能；Ac 为训练停止时聚合层的输出；El 为训练停止时的层误差；net 为带训练的神经网络；Pd 为已延迟的输入信号；Tl 为层目标；Ai 为初始的输入；Q 为批量；TS 为时间步长；VV 为确认向量；TV 为测试向量。在训练开始前，需设定训练参数，各训练参数的默认值和属性见表 5-2。

表 5-2 训练参数及属性

训练参数名称	默认值	属性
net.trainParam.epochs	100	最大训练步数
net.trainParam.goal	00	性能参数
net.trainParam.max_fail	5	确认失败的最大次数
net.trainParam.show	25	两次显示之间的训练步数(无显示时为 NaN)
net.trainParam.showCommandLine	false	阻止训练窗口弹出
net.trainParam.showWindow	true	网络权值赋值
net.trainParam.time	inf	最大训练时间(单位：秒)

需要注意的是，该函数不能直接调用，而是通过函数 train 隐含调用，train 通过设置网络属性 NET.trainFcn 来调用 trainb，对网络进行训练。

3)adapt 函数

该函数使神经网络能够自适应，调用格式如下：

`[net,Y,E,Pf,Af,tr]=adapt(NET,P,T,Pi,Ai)`

其中，各输出参数的含义如下：Net 为自适应后的神经网络；Y 为网络输出；E 为网络误差；Pf 为最终输入延迟；Af 为最终层延迟；Tr 为训练记录。各输入变量的含义如下：NET 为未自适应的神经网络；P 为网络输入；T 为网络目标，默认为 0；Pi 为初始输入延迟，默认为 0；Ai 为初始层延迟，默认为 0。

在训练中，通过设定自适应的参数 net.adaptParam 和自适应的函数 net.adaptFunc 可调用该函数。

3. 神经网络学习函数

1)learnp 函数

该函数用于神经网络权值和阈值的学习，调用格式为

`[dW,LS]=learnp(W,P,Z,N,A,T,E,gW,gA,D,LP,LS)`
`[db,LS]=learnp(b,ones(1,Q),Z,N,A,T,E,gW,gA,D,LP,LS)`

其中，dW 为权值变化矩阵；db 为返回阈值调整量；LS 为当前学习状态；W 为权值矩阵；P 为输入向量矩阵；Z 为输入层的权值矩阵；N 为网络输入矩阵；A 为网络的实际输出向量(可省略)；T 为网络的目标向量；E 为误差向量；gW 为性能参数的梯度(可省略)；gA 为性能参数的输出梯度(可省略)；D 为神经元距离矩阵(可省略)；LP 为学习参数(可省略)；LS 为学习函数声明(可省略)；b 为阈值向量；ones(1，Q) 为 1 行 Q 列且取值全为 1 的向量。

2)learnpn 函数

该函数亦用于神经网络权值和阈值的学习，但它在输入向量的幅值变化较大或存在奇异值时，学习速度比 learnp 要快得多，其调用格式为

`[dW,LS]=learnpn(W,P,Z,N,A,T,E,gW,gA,D,LP,LS)`

该函数中的参数含义与 learnp 函数中的参数含义相同。

4. 神经网络初始化函数

1)init 函数

该函数用于对神经网络进行初始化，其调用格式为

`NET=init(net)`

其中，net 为待初始化的神经网络；NET 为已经初始化的神经网络，它是 net 经过一定的初始化修正而成，修正后，net 的权值和阈值都发生了一定的变化。

2) initlay

该函数适用于层-层结构的神经网络的初始化，其调用格式为

```
NET=initlay(net)
info=initlay(code)
```

与上述类似，net 和 NET 分别为初始化前和初始化后的神经网络。对于 info=initlay(code)，可根据不同的 code 代码返回不同的信息，包括 pnames(初始化参数的名称)、pdefaults(默认的初始化参数)。通过指定神经网络每一层 i 的初始化函数 NET.layers{i}来调用 initlay 函数，初始化后的神经网络每一层都得到了修正。

3) initnw 函数

该函数是层初始化函数，它按照 Nguyen-Widrow 准则对某一层的权值和阈值进行初始化。调用格式为

```
NET=initnw(net,i)
```

其中，net 为待初始化的神经网络；i 为层次索引；NET 为初始化后的神经网络。

4) initwb 函数

与 initnw 函数类似，initwb 也是层初始化函数，但它是按照设定的每层的初始化函数对每层的权值和阈值进行初始化的，其调用格式为

```
NET=initwb(net,i)
```

其中，net、i、NET 分别为待初始化的神经网络、层次索引及初始化后的神经网络。

5. 神经网络输入函数

1) netsum 函数

该函数用于对一个输入求和，它是通过将某一层的加权输入和阈值相加作为该层的输入，其调用格式为

```
N=netsum(Z1,Z2,…)
df=netsum('deriv')
```

其中，Z1，Z2，…表示任意数量的输入；而 df=netsum('deriv')返回的是 netsum 的微分函数 dnetsum。

2) netprod 函数

该函数是输入求积函数，它将某一层的权值和阈值相乘作为该层的输入。调用格式为

```
N=netsum(Z1,Z2,…)
df=netsum('deriv')
```

各参数的含义与 netsum 函数参数相同。

3) concur 函数

该函数的作用是将本来不一致的权值和阈值向量的结构一致化，以便进行相加或相乘运算，调用格式为

```
concur(b, q)
```

其中，b 为权值向量；q 为要达到一致化所需要的长度。运算后的返回值是已经一致化的矩阵。

6. 神经网络传递函数

神经网络传递函数的作用是将神经网络的输入转换为输出。

1) hardlim 函数

该函数是硬限幅传递函数，其调用格式为

```
A=hardlim(N)
info=hardlim(code)
```

其中，在给定网络的输入向量矩阵 N 时，hardlim 函数返回该层的输出向量 A；当 N 中的元素大于或等于 0 时，返回的值为 1，否则为 0。也就是说，网络的输入达到阈值，则硬限幅传递函数的输出位 1，否则为 0。info=hardlim(code) 是根据不同的代码 code 返回不同的信息，deriv 为返回导数函数名称；name 为返回传递函数的全称；output 为返回传递函数的输出范围；active 为返回传递函数的输入范围。

2) hardlims 函数

该函数是对称的硬限幅传递函数，其调用格式为

```
A=hardlims(N)
info=hardlims(code)
```

其中，N 为输入向量矩阵；A 为函数返回值。当 $N \geqslant 0$ 时，返回值为 1；当 $N<0$ 时，返回值为-1。info=hardlims(code) 的含义参照 hardlim 函数。

7. 其他重要函数

这里介绍 dotprod 函数，该函数用于对权值求点积，将求得的权值与输入之间的点积作为加权输入，其调用格式为

```
Z=dotprod(W, P)
df=dotprod('deriv')
```

其中，Z 为 W 与 P 的点积；W 为权值矩阵；P 为输入向量。df=dotprod('deriv') 则返回函数的导数。

5.2.2　感知器的神经网络函数

感知器是最早的人工神经网络。单层感知器是一个具有单层神经元、采用阈值激活函数的前向网络。通过对网络权值的训练，可以使感知器对一组输入矢量的响应达到元素为 0 或 1 的目标输出，从而实现对输入矢量进行分类的目的。MATLAB 软件的工具箱中提供了大量的感知器函数，下面将详细介绍这些函数。

1. 感知器创建函数

通过感知器生成函数创建一个感知器，并且可对感知器进行初始化、仿真、训练等。

newp 函数常用来创建一个感知器神经网络，其调用格式为

```
net=newp
net=newp(PR, S, TF, LF)
```

其中，各参数的含义如下：Net 为函数返回参数，表示生成的感知器网络；net=newp 为表示在一个对话框中定义感知器的属性；PR 为由输入向量中的最大值和最小值组成的矩阵；S 为表示神经元的个数；TF 为表示感知器的传递函数，默认为硬限幅传递函数 hardlim；LF 为表示网络的学习函数，默认为 learnp。

2. 显示函数

1）plotpc 函数

plotpc 函数用于在感知器向量图中绘制分界线，其调用格式为

```
plotpc(W, B)
plotpc(W, B, H)
```

说明：硬特性神经元可将输入空间用一条直线（神经元有两个输入），或一个平面（神经元有三个输入），或一个超平面（神经元有三个以上输入）分成两个区域。调用格式中，W 为加权矩阵，B 为阈值向量，H 为最后画线的控制权。plotpc(W, B)返回的是对所绘制分界线的控制权，plotpc(W, B, H)用于在绘制新线之前检查最新绘制的分界线，在画新分类线之前，删除旧线。

2）plotpv 函数

该函数用于绘制感知器的输入向量和目标向量，其调用格式为

```
plotpv(P, T)
plotpv(P, T, V)
```

其中，P 为输入向量；T 为双目标向量；V 为设置绘图坐标值范围的向量。其中，plotpv(P, T)绘制以 T 为标尺的 P 的列向量，plotpv(P, T, V)绘制以 V 为范围的 P 的列向量。

需要注意的是，plotpc 函数一般在 plotpv 函数之后调用，且不改变现有的坐标轴标准。

3. 性能函数

mae 函数：该函数为平均绝对误差性能函数，调用格式为

```
perf=mae(E,w,pp)
perf=mae(E,net,pp)
info=mae(code)
```

其中，perf 表示平均绝对误差；E 为误差矩阵或向量(网络的目标向量与输出向量之差)；w 为所有权值和阈值向量(可忽略)；pp 为性能参数(亦可忽略)。info=mae(code)表示根据 code 值的不同，可返回不同的信息，包括：deriv 为返回导数函数名称；name 为返回函数的全称；pnames 为返回训练参数的名称；pdefaults 为返回默认的训练参数。

这里举一个简单的例子来说明感知器对输入向量的分类以及相关函数的使用。

【例 5.1】 假设输入、输出如表 5-3 所示，尝试建立一个感知器模型，实现电路"或"门的功能，从而实现对输入的分类。

表 5-3 "或"门输入输出

输入	输出
00	0
01	1
11	1
11	1

表 5-3 给出了网络的输入向量 P 和目标向量 T，其中 $P= [0\,0\,1\,1;\,0\,1\,0\,1]$，$T= [0\,1\,1\,1]$。MATLAB 代码为

```
clc
clear all
P=[0 0 1 1;0 1 0 1];
T=[0 1 1 1];
net=newp(minmax(P),1);
Y=sim(net,P)
net.trainParam.epochs=20;
net=train(net,P,T);
```

```
Y=sim(net,P)
err1=mae(Y-T)
```
此时，输出为
```
Y=
    1    1    1    1
Y=
    0    1    1    1
err1=
    0
```
训练参数显示界面如图 5-2 所示。

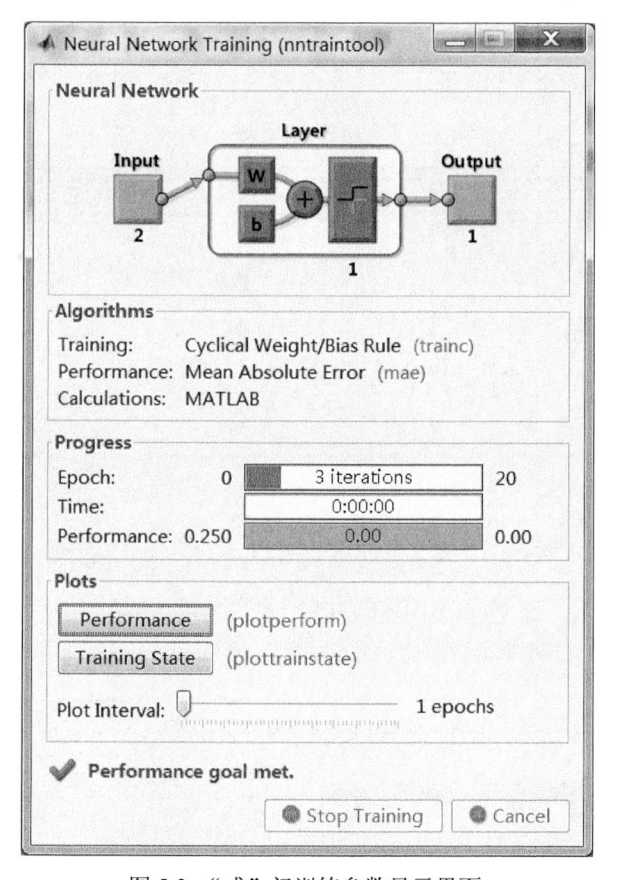

图 5-2　"或"门训练参数显示界面

由此可见，感知器训练以前的输出是不符合要求的，经过 3 次训练后的输出已经和目标向量一致了。

本例创建的感知器只有一个神经元，符合神经网络的设计原则，即再设计神经网络时，在同样可以达到目标的情况下尽量使用简单的结构。因为结构简单的神经网络计算负担轻，运行速度一般比较快，感知器的传递函数和学习函数都采用默认值，分别为 hardlim 函数和 learnp 函数，这是因为网络的输出为 0-1 的二值结构，只有采用 hardlim 函数才满足要求，输入向量不存在奇异值，元素之间的距离也比较小，采用 learnp 就足够了。

利用 trainc 函数对网络进行训练，训练的结果非常理想，训练后的网络成功实现了"或"功能。利用平均绝对误差函数 mae 计算网络的性能，结果为 0，从另一个方面说明了网络的性能是非常好的。

利用自适应函数 adapt 也可以到达训练效果。采用以下的 MATLAB 代码对网络进行训练：

```
clc
clear all
P=[0 0 1 1;0 1 0 1];
T=[0 1 1 1];
net=newp(minmax(P),1);
Y=sim(net,P);
e=Y-T;
while mae(e)
    [net,X,e]=adapt(net,P,T);
end
X=sim(net,P)
```

网络的输出为

```
X=
    0    1    1    1
```

训练过程中采用 mae 函数得到网络误差，并以此作为是否停止训练的标准。此时的网络输出和前面的一致，因此，采用这种方式对网络进行训练是有效的。

5.3 误差反向传播神经网络

误差反向传播神经网络是一种多层前馈型神经网络，其神经元的传递是 S 型函数，权值的调整采用反向传播学习算法，可以实现从输入到输出的任一非线性映射。误差方向传播神经网络的英文全称是 error back-propagation network，常称为 BP 网络，除非有特别说明，本书中一律使用 BP 网络作为误差反向传播神经网络的简称。

目前，在人工神经网络的实际应用中，绝大部分神经网络模型都采用 BP 网络及其变化形式。它包含了神经网络理论中最精华的部分，由于其结构简单、可塑性强，因而在函数逼近、模式识别、信息分类和数据压缩等方面得到广泛应用。此外，BP 网络的数学意义明确，学习算法步骤分明，使得其应用背景更加广泛。

5.3.1　BP 网络结构

典型的 BP 网络是一种具有三层或三层以上结构的无反馈的、层内无互连结构的前向网络。如图 5-3 所示，典型的三层 BP 神经网络结构包括输入层(首层)、输出层(尾层)、隐含层(中间各层，亦称中间层)。BP 网络中各层之间的神经元为全连接关系，层内的各个神经元之间无连接。

BP 神经网络采用有指导的学习方式进行训练和学习，当一对学习模式提供给 BP 网络后，神经元的激活值从输入层经各个隐含层向输出层传播，在输出层的各个神经元获得网络的实际输出响应。通过比较输出层各个神经元的实际输出与期望输出，获得二者之间的误差，然后按照误差减小的方向，从输出层经各个隐含层并逐层修整各个连接权值，最后回到输入层。这种"正向计算输出-反向传播误差"的过程不断重复进行，直至误差降低至可以接受的范围，BP 网络的学习训练过程也随之结束。

由于 BP 网络随着误差反向传播不断进行修正，从而不断提高对输入模式识别的正确性，因此，BP 网络的学习算法是一种误差函数按梯度下降的学习方法[21]。

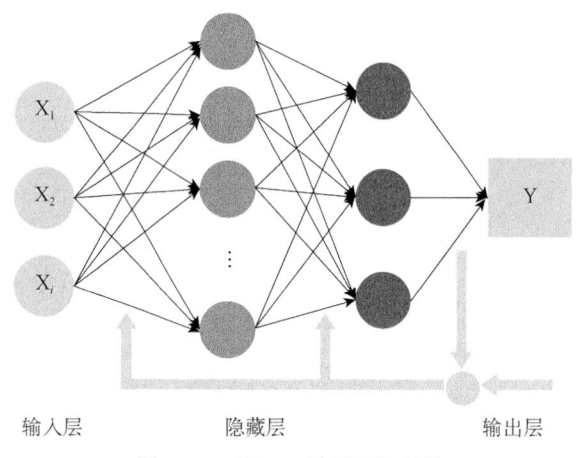

图 5-3　三层 BP 神经网络结构

5.3.2 BP 网络学习算法

无论是函数逼近还是模糊识别，都需对神经网络进行训练，训练之前首先需要样本，样本中包含输入向量 $\boldsymbol{P}$ 和相应的期望输出向量 $\boldsymbol{T}$，训练过程中要不断调整权值和阈值，使得神经网络的表现函数达到最小。

BP 网络学习规则的指导思想是：对网络权值和阈值的修正要沿着表现函数下降最快的方向——负梯度方向：

$$x_{k+1} = x_k - a_k g_k \tag{5-51}$$

式中，x_k 是当前的权值和阈值矩阵；g_k 是当前表现函数的梯度；a_k 是学习速率。

假设三层 BP 网络，输入节点 x_i，隐层节点 y_j，输出节点 z_i。输入节点和隐层节点间的网络权值为 ω_{ji}，隐层节点与输出节点间的网络权值为 v_{lj}。当输出节点的期望值为 t_l 时，模型的计算公式如下：

$$y_j = f\left(\sum_i \omega_{ji} x_i - \theta_j\right) = f(\mathrm{net}_j) \tag{5-52}$$

输出节点的计算输出

$$z_1 = f\left(\sum_j v_{lj} y_j - \theta_1\right) = f(\mathrm{net}_1) \tag{5-53}$$

BP 学习算法仍然是基于最小均方差准则，因此输出节点的误差：

$$
\begin{aligned}
E &= \frac{1}{2}\sum_l (t_l - z_l)^2 \\
&= \frac{1}{2}\sum_l \left[t_l - f\left(\sum_j (v_{lj} y_j - \theta_l)\right)\right]^2 \\
&= \frac{1}{2}\sum_l \left\{ t_l - f\left[\sum_j \left(v_{lj} f\left(\sum_i (\omega_{ji} x_i - \theta_j)\right) - \theta_l\right)\right]\right\}^2
\end{aligned}
\tag{5-54}
$$

将误差函数对输出节点求导：

$$\frac{\partial E}{\partial v_{lj}} = \sum_{k=1}^n \frac{\partial E}{\partial z_k}\frac{\partial z_k}{\partial v_{lj}} = \frac{\partial E}{\partial z_l}\frac{\partial z_l}{\partial v_{lj}} \tag{5-55}$$

式中，E 是多个 z_k 的函数，由于只有一个 z_l 与 v_{lj} 有关，所以得到上式。各 z_k 之间相互独立，其中，

$$\begin{cases} \dfrac{\partial E}{\partial z_l} = \dfrac{1}{2} \sum_k \left[-2(t_k - z_k) \dfrac{\partial z_k}{\partial z_l} \right] = -(t_l - z_l) \\ \dfrac{\partial z_l}{\partial v_{lj}} = \dfrac{\partial z_l}{\partial \mathrm{net}_l} \dfrac{\partial \mathrm{net}_l}{\partial v_{lj}} = f'(\mathrm{net}_l) y_j \end{cases} \tag{5-56}$$

则

$$\frac{\partial E}{\partial v_{lj}} = -(t_l - z_l) f'(\mathrm{net}_l) y_j \tag{5-57}$$

再将误差函数对隐层节点求导,即

$$\frac{\partial E}{\partial \omega_{ji}} = \sum_l \sum_j \frac{\partial E}{\partial z_l} \frac{\partial z_l}{\partial y_j} \frac{\partial y_j}{\partial \omega_{ji}} \tag{5-58}$$

E 是多个 z_l 的函数,针对某一个 ω_{ji},对应一个 y_j,它与所有 z_l 有关,式中,

$$\begin{cases} \dfrac{\partial E}{\partial z_l} = \dfrac{1}{2} \sum_k \left[-2(t_k - z_k) \dfrac{\partial z_k}{\partial z_l} \right] = -(t_l - z_l) \\ \dfrac{\partial z_l}{\partial y_j} = \dfrac{\partial z_l}{\partial \mathrm{net}_l} \dfrac{\partial \mathrm{net}_l}{\partial y_j} = f'(\mathrm{net}_l) \dfrac{\partial \mathrm{net}_l}{\partial y_j} = f'(\mathrm{net}_l) v_{lj} \\ \dfrac{\partial y_j}{\partial \omega_{ji}} = \dfrac{\partial y_j}{\partial \mathrm{net}_j} \dfrac{\partial \mathrm{net}_j}{\partial \omega_{ji}} = f'(\mathrm{net}_j) x_i \end{cases} \tag{5-59}$$

则

$$\begin{aligned} \frac{\partial E}{\partial \omega_{ji}} &= -\sum_l (t_l - z_l) f'(\mathrm{net}_l) v_{lj} f'(\mathrm{net}_j) x_i \\ &= -\sum_l \delta_l v_{lj} f'(\mathrm{net}_j) x_i \end{aligned} \tag{5-60}$$

其中,

$$\delta_l = -(t_l - z_l) f'(\mathrm{net}_l) \tag{5-61}$$

设隐层节点误差为

$$\delta_j' = f'(\mathrm{net}_j) \sum_l \delta_l v_{lj} \tag{5-62}$$

则

$$\frac{\partial E}{\partial \omega_{ji}} = -\delta_j' x_i \tag{5-63}$$

由于权值的修正 Δv_{lj}、$\Delta \omega_{ji}$ 正比于误差函数沿梯度下降,则

$$\begin{cases} \delta_j' = f'(\text{net}_j)\sum_l \delta_l v_{lj} = -\eta\dfrac{\partial E}{v_{lj}} = \eta\delta_l y_j \\[2mm] v_{lj}(k+1) = v_{lj}(k) + \Delta v_{lj} = v_{lj}(k) + \eta\delta_l y_j \\[2mm] \delta_l = -(t_l - z_l)f'(\text{net}_l) \\[2mm] \Delta\omega_{ji} = -\delta_j'\dfrac{\partial E}{\partial\omega_{ji}} = \eta'\delta_j' x_i \\[2mm] \omega_{ji}(k+1) = \omega_{ji}(k) + \Delta\omega_{ji} = \omega_{ji}(k) + \eta'\delta_j' x_i \\[2mm] \delta_j' = f'(\text{net}_l)\times\sum_l \delta_l v_{lj} \end{cases} \tag{5-64}$$

式中，隐层节点误差 δ_j' 中的 $\sum\delta_l v_{lj}$ 表示输出节点 z_l 的误差 δ_1 通过权值 v_{lj} 向节点 y_j 反向传播，称为隐层节点的误差。

此外，阈值 θ 也是变化值，在修正权值的同时也需修正阈值。先将误差函数对输出节点阈值求导，则

$$\frac{\partial E}{\partial\theta_l} = \frac{\partial E}{\partial z_l}\frac{\partial z_l}{\partial\theta_l} \tag{5-65}$$

式中，

$$\begin{cases} \dfrac{\partial E}{\partial z_l} = -(t_l - z_l) \\[3mm] \dfrac{\partial z_l}{\partial\theta_l} = \dfrac{\partial z_l}{\partial\text{net}_l}\dfrac{\partial\text{net}_l}{\partial\theta_l} = f'(\text{net}_l)(-1) \end{cases} \tag{5-66}$$

则

$$\frac{\partial E}{\partial\theta_l} = (t_l - z_l)f'(\text{net}_l) = \delta_l \tag{5-67}$$

对阈值进行修正

$$\begin{cases} \Delta\theta_l = \eta\dfrac{\partial E}{\partial\theta_l} = \eta\delta_l \\[3mm] \theta_l(k+1) = \theta_l(k) + \eta\delta_l \end{cases} \tag{5-68}$$

再将误差函数对隐层节点阈值求导

$$\frac{\partial E}{\partial\theta_j} = \sum_l \frac{\partial E}{\partial z_l}\frac{\partial z_l}{\partial y_j}\frac{\partial y_j}{\partial\theta_j} \tag{5-69}$$

式中，

$$\begin{cases} \dfrac{\partial E}{\partial z_l} = -(t_l - z_l) \\[2mm] \dfrac{\partial z_l}{\partial y_j} = f'(\text{net}_l)v_{lj} \\[2mm] \dfrac{\partial y_j}{\partial \theta_j} = \dfrac{\partial y_j}{\partial \text{net}_j}\dfrac{\partial \text{net}_j}{\partial \theta_j} = f'(\text{net}_j)(-1) = \delta_j' \end{cases} \tag{5-70}$$

则

$$\frac{\partial E}{\partial \theta_j} = \sum_l (t_l - z_l)f'(\text{net}_l)v_{lj}f'(\text{net}_j) = \sum_l \delta_l v_{lj}f'(\text{net}_j) = \delta_j' \tag{5-71}$$

因此，阈值修正为

$$\begin{cases} \Delta\theta_j = \eta'\dfrac{\partial E}{\partial \theta_j} = \eta'\delta_j' \\[2mm] \theta_j(k+1) = \theta_j(k) + \eta'\delta_j' \end{cases} \tag{5-72}$$

BP 网络采用 sigmoid 函数作为转移函数，根据式(5-14)求导可得

$$f'(x) = f(x)(1 - f(x)) \tag{5-73}$$

那么

$$f'(\text{net}_k) = f(\text{net}_k)(1 - f(\text{net}_k)) \tag{5-74}$$

对输出节点：

$$\begin{cases} z_l = f(\text{net}_l) \\ f'(\text{net}_l) = z_l(1 - z_l) \end{cases} \tag{5-75}$$

对隐层节点：

$$\begin{cases} y_j = f(\text{net}_j) \\ f'(\text{net}_l) = y_j(1 - y_j) \end{cases} \tag{5-76}$$

5.3.3 BP 网络的 MATLAB 工具箱函数

MATLAB 神经网络工具箱中包含了许多用于 BP 网络分析和设计的函数[22]，常用的函数名称和功能见表 5-4。

表 5-4 BP 网络常用函数说明

函数类型	函数名称	函数用途
前向网络创建函数	newcf	创建级联前向网络
	newff	创建前向 BP 网络

函数类型	函数名称	函数用途
前向网络创建函数	newffd	创建存在输入延迟的前向网络
传递函数	logsig	S 型的对数函数
	dlogsig	logsig 的导函数
	tansig	S 型的正切函数
	dtansig	tansig 的导函数
	purelin	纯线性函数
	dpurelin	purelin 的导函数
学习函数	learngd	基于梯度下降法的学习函数
	learngdm	梯度下降动量的学习函数
性能函数	mse	均方误差函数
	msereg	均方误差规范函数
显示函数	plotperf	绘制网络的性能
	plotes	绘制一个单独神经元的误差曲面
	plotep	绘制权值和阈值在误差曲面上的位置
	errsurf	计算单个神经元的误差曲面

1. BP 网络创建函数

1）newcf 函数

该函数用于创建级联前向 BP 网络，调用格式为

```
net=newcf
net=newcf(PR,[S1 S2…SN],{TF1 TF2…TFN},BTF, BLF, PF)
```

其中，参数说明如下：net=newcf 为用于在对话框中创建一个 BP 网络；**PR** 为由每组输入（共有 R 组输入）元素的最大值和最小值组成的 $R \times 2$ 维的矩阵；Si 为第 i 层的长度，共 N 层；TFi 为第 i 层的传递函数，默认为"tansig"；BTF 为 BP 网络的训练函数，默认为"trainlm"；BLF 为权值和阈值的 BP 学习算法，默认为"learngdm"；PF 为网络的性能函数，默认为"mse"。

参数 TFi 和训练函数 BTF 可以采用任意的可微传递函数和 BP 训练函数。但值得注意的是，BTF 默认采用 trainlm 函数是因为该函数的速度很快，但该函数的一个重要缺陷是运行过程中会消耗大量的内存资源。如果计算机内存不够大，不建议采用 BTF 的默认函数，而建议采用训练函数 trainbfg 或 trainrp，虽然这两个函数的运行速度较慢，但它们的内存占用量小，不至于出现训练过程死机的情况。

2）newff 函数

该函数用于创建一个 BP 网络，其调用格式为

```
net=newff
net=newff(PR,[S1 S2…SN],{TF1 TF2…TFN},BTF,BLF,PF)
```

其中，参数说明如下：net=newff 为用于在对话框中创建一个 BP 网络；其他参数变量的含义与 newcf 函数中变量相同。

3）newfftd 函数

该函数用于创建一个存在输入延迟的前向网络，其调用格式为

```
net=newfftd
net=newfftd(PR,[S1 S2…SN],{TF1 TF2…TFN},BTF,BLF,PF)
```

其中，参数说明如下：net=newffd 为用于在对话框中创建一个 BP 网络；PR，Si，TFi，BTF，BLF，PF 等参数参见 newcf 函数。

2. 神经元上的传递函数

传递函数是 BP 网络的重要组成部分，它必须是连续可微的。BP 网络常采用 S 型的对数或正切函数和线性函数。

1）logsig 函数

该传递函数为 S 型的对数函数，其调用格式为

```
A=logsig(N)
info=logsig(code)
```

其中，N 为 Q 个 S 维的输入列向量；A 为函数返回值，位于区间 $(0，1)$ 中；info=logsig（code）为依据 code 值的不同返回不同的信息，包括：deriv 为返回微分函数名称；name 为返回函数的全称；output 为返回输出值域；active 为返回有效的输入区间。

2）dlogsig 函数

该函数为 logsig 的导函数，其调用格式为

```
dA_dN=dlogsig(N,A)
```

其中，dA_dN 为函数返回值，输出对输入的导数；N 为 $S×Q$ 网络输入矩阵；A 为 $S×Q$ 网络输出矩阵。

MATLAB 软件中用于计算对数传递函数值的函数形式：

$$y = x(1-x) \tag{5-77}$$

3）tansig 函数

该函数为双曲正切 S 型函数，其调用格式为

```
A=tansig(N)
info=tansig(code)
```

其中，N 为 Q 个 S 维的输入列向量；A 为函数返回值，位于区间$(-1，1)$中；info=tansig(code)的含义参见 info=logsig(code)。

以下代码可绘制一个双曲正切 S 型传递函数：

```
n=-10:0.1:10;
a=tansig(n);
plot(n,a);
```

结果如图 5-4 所示。MATLAB 软件中用于计算双曲正切传递函数值的函数形式为

$$n = \frac{2}{1 + \exp(-2n)} - 1 \tag{5-78}$$

4）dtansig 函数

该函数为 tansig 的导数，其调用格式为

```
dA_dN=dtansig(N,A)
```

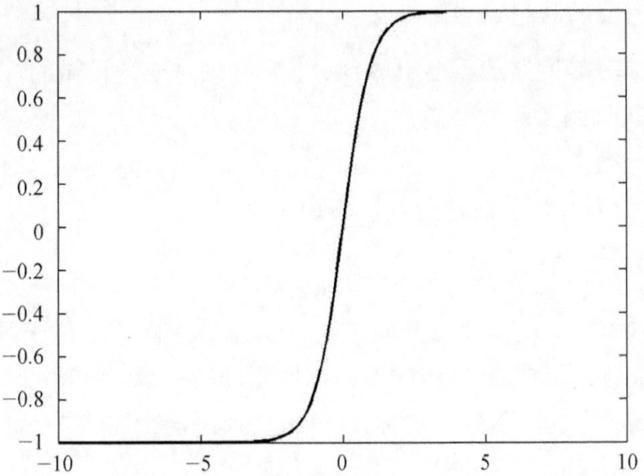

图 5-4　tansig 函数的运行结果

其中 dA_dN、N、A 等参数含义参见 dlogsig 函数，其原型函数为 $y=1-x^2$。

5）purelin 函数

该函数为线性传递函数，其调用格式为

```
A=purelin(N)
info=purelin(code)
```

其中，N 为 Q 个 S 维的输入列向量；A 为函数返回值，$A=N$；info=tansig(code)的含义参见 info=logsig(code)。

MATLAB 软件中用于计算 purelin 函数值的函数形式：

$$y = x \tag{5-79}$$

6) dpurelin 函数

该函数为 purelin 的导数，其调用格式为

```
dA_dN=dpurelin(N,A)
```

d**A_d**N、N、A 等参数含义参见 dlogsig 函数，其原型函数为 x=1。

3. BP 网络学习函数

1) learngd 函数

该函数为梯度下降权值/阈值学习函数，它利用神经元的输入和误差、权值或阈值的学习速率和动量常数，计算权值或阈值的变化率。其调用格式为

```
[dW,ls]=learngd(W,P,Z,N,A,T,E,gW,gA,D,LP,LS)
[db,ls]=learngd(b,ones(1,Q),Z,N,A,T,E,gW,gA,D,LP,LS)
info=learngd(code)
```

其中，W 为权值矩阵；b 为 S 阈值向量；P 为 Q 组 R 维输入向量；ones(1，Q)为产生一个 Q 维的输入向量；Z 为 Q 组 S 维的加权输入向量；N 为 Q 组 S 维的输入向量；A 为 Q 组 S 维的输出向量；T 为 Q 组 S 维的层目标向量；E 为 Q 组 S 维的层误差向量；gW 为与性能相关的 S×R 维梯度；gA 为与性能相关的 S×R 维输出梯度；D 为 S×R 维的神经元距离矩阵；LP 为学习参数，可通过该参数设置学习速率，设置格式为 LP.lr=0.01；LS 为学习状态，初始状态下为空；d**W** 为 S×R 维的权值或阈值变化率矩阵；d**b** 为 S 维的阈值变化率向量；ls 为新的学习状态。

learngd(code)为根据不同的 code 值返回有关函数的不同信息，包括 pnames 为返回设置的学习参数，pdefaults 为返回默认的学习参数，needg 为如果函数使用了 gW 或 gA，则返回 1。

2) learngdm 函数

该函数为梯度下降动量学习函数，它利用神经元的输入和误差、权值或阈值的学习速率和动量常数，计算权值或预知的变化率。其调用格式为

```
[dW,ls]=learngdm(W,P,Z,N,A,T,E,gW,gA,D,LP,LS)
[db,ls]=learngdm(b,ones(1,Q),Z,N,A,T,E,gW,gA,D,LP,LS)
info=learngdm(code)
```

各参数含义参见 learngd 函数。

4. BP 网络训练函数

1) trainbfg 函数

该函数为 BFGS 准牛顿 BP 算法函数。除了 BP 网络为该函数，也可以训练任意形式的神经网络，只要它的传递函数对于权值和阈值输入存在导数即可。其调用格式为

```
[net,TR,Ac,El]=trainbfg(NET,Pd,Tl,Ai,Q,TS,VV,TV)
info=trainbfg(code)
```

其中，NET 为待训练的神经网络；*Pd* 为有延迟的输入向量；*Tl* 为层次目标向量；Ai 为初始的输入延迟条件；Q 为批量；TS 为时间步长；*VV* 为确认向量结构或者为空；*TV* 为检验向量结构或者为空；net 为训练后的神经网络；TR 为每步训练的有关信息记录，包括 TR.epoch 为时刻点，TR.perf 为训练性能，TR.vperf 为确认性能，TR.tperf 为检验性能，Ac 为上一步训练中聚合层的输出，El 为上一步训练中的层次误差；

info=trainbfg(code) 为根据不同的 code 值返回不同的有关 trainbfg 的信息，包括 pnames 为返回设定的训练参数；pdefaults 为返回默认的训练参数。

在利用函数进行 BP 网络训练时，MATLAB 软件已经默认了某些训练参数，具体信息间表 5-5。

表 5-5 BP 网络训练参数

参数名称	默认值	属性
net.trainParam.epochs	100	训练次数。100 为训练次数的最大值，人工设定的训练次数不能超过 100
net.trainParam.show	25	两次显示之间的训练步数
net.trainParam.goal	0	训练目标
net.trainParam.time	inf	训练时间，inf 表示训练时间不限
net.trainParam.min_grad	1e-6	最小性能梯度
net.trainParam.max_fail	5	最大确认失败次数
net.trainParam.searchFcn	'srchcha'	所用的线性搜索路径

2）traingd 函数

该函数为梯度下降 BP 算法函数。调用格式为

```
[net,TR,Ac,El]=traingd(NET,Pd,Tl,Ai,Q,TS,VV,TV)
info=traingd(code)
```

各参数的意义、设置格式和适用范围等参见 trainbfg。

3）traingdm 函数

该函数为梯度下降动量 BP 算法函数，其调用格式为

```
[net,TR,Ac,El]=traingdm(NET,Pd,Tl,Ai,Q,TS,VV,TV)
info=traingdm(code)
```

各参数的意义、设置格式和适用范围等参见 trainbfg。

此外，MATLAB 的神经网络工具箱中还有一系列训练函数可用于对 BP 网络

的训练，表 5-6 列出了这些函数的形式和用途，读者可以按照 trainbfg 函数的调用格式进行使用。

表 5-6　其他训练函数

函数名称	函数说明
trainbr	Bayes 规范化 BP 训练函数
trainc	循环顺序渐增训练函数
traincgb	Powell-Beale 连接梯度 BP 训练函数
traincgf	Fletcher-Powell 连接梯度 BP 训练函数
traincgp	Polak-Ribiere 连接梯度 BP 训练函数
trainda	自适应 lrBP 的梯度递减训练函数
traindx	动量及自适应 lrBP 的梯度递减训练函数
trainlm	Levenberg-Marquartdt BP 训练函数
trainoss	一步正切 BP 训练函数
trainr	随机顺序递增更新训练函数
trainrp	带反弹的 BP 训练函数
trains	顺序递增 BP 训练函数
trainscg	量化连接梯度 BP 训练函数

表 5-6 中的训练函数不仅可用于 BP 网络的训练，还适用于其他任何神经网络，只要其传递函数对于权值和阈值存在导数即可。

5. 性能函数

1）mse 函数

该函数为均方误差性能函数，调用格式为

```
perf=mse(E,w,pp)
perf=mse(E,net,pp)
info=mse(code)
```

各参数含义参见 mae 函数。

2）msereg 函数

```
perf=msereg(E,w,pp)
perf=msereg(E,net,pp)
info=msereg(code)
```

各参数含义参见 mae 函数。

在使用该函数前，需要设定性能参数 pp，格式为 PP.ratio=0.3，该参数的意义是误差相对于权值和阈值的重要性。函数的返回值=均方误差×PP.ratio+均方权值和阈值×PP.ratio。

6. 显示函数

1）plotperf 函数

该函数用于绘制网络的性能，其调用格式为

```
plotperf(tr,goal,name,epoch)
```

其中，tr 为网络训练记录；goal 为性能目标，默认为 NaN；name 为训练函数名称，默认为空；epoch 为训练步数，默认为训练记录的长度。

plotperf 函数除了可以绘制网络的性能外，还可以绘制性能目标、确认性能和检验性能。

2）plotes 函数

该函数用于绘制一个单独神经元的误差曲面，其调用格式为

```
plotes(wv,bv,es,v)
```

其中，wv 为权值的 N 维行向量；bv 为 M 维的阈值行向量；es 为误差向量组成的 $N \times M$ 维矩阵；v 为视角，默认为 $[-37.5，30]$。

函数绘制的误差曲面图是由权值和阈值确定并由函数 errsurf 计算得出的。

3）plotep 函数

该函数用于绘制权值和阈值在误差曲面上的位置，其调用格式为

```
H=plotep(w,b,e)
H=plotep(w,b,e,h)
```

其中，w 为当前权值；b 为当前阈值；e 为当前单输入神经元的误差；h 为权值和阈值在上一时刻的位置信息向量；H 为当前的权值和阈值位置信息向量。

4）errsurf 函数

此函数用于计算单个神经元的误差曲面，其调用格式为

```
E=errsurf(P,T,WV,BV,F)
```

其中，P 为输入行向量；T 为目标行向量；WV 为权值列向量；BV 为阈值列向量；F 为传递函数的名称。

神经元的误差曲面是由权值和阈值的行向量确定的。

下面通过一组代码分析一个 BP 网络中某个神经元的误差，并绘制其误差曲面与轮廓线。

用 MATLAB 运行代码：

```
x=[-6 -6.1 -4.1 -4 4 4.1 6.0 6.1];
y=[0.1 0.1 0.97 0.99 0.01 0.03 1.0 1.0];
wv=-1:0.1:1;
bv=-2.5:0.25:2.5;
```

```
es=errsurf(x,y,wv,bv,'logsig');
plotes(wv,bv,es,[60 30]);
```

运行结果见图 5-5。

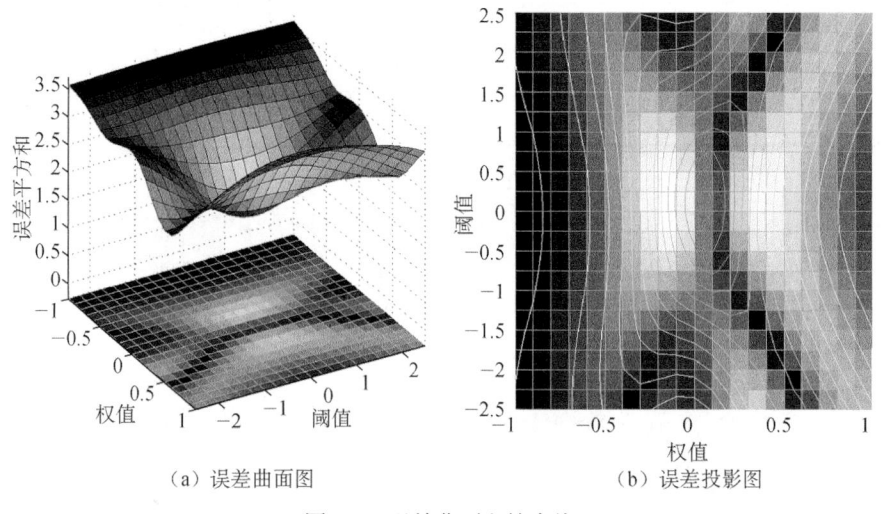

（a）误差曲面图　　　　　　　　　　（b）误差投影图

图 5-5　误差曲面和轮廓线

5.3.4　BP 网络应用举例

1. 烷烃混合物的表征

【例 5.2】　烷烃是汽油、柴油等燃料油的主要成分。以汽油为例，其辛烷值是汽油在稀混合气情况下抗爆性的表示单位，在数值上等于在规定条件下与试样抗爆性相同的标准燃料中所含异辛烷的体积百分数。

实验中选取高纯度的异辛烷试剂及其同分异构体正辛烷试剂作为测试对象，将两者按照一定比例进行混合，测试混合物的太赫兹时域光谱，计算得到其在太赫兹波段的频域谱。将 0.2～2THz 波段内的太赫兹频域谱数据作为输入变量，保存于文件 Input.txt 中，其第 1 列为第 1 个样本的频谱数据，第 2 列对应第 2 个样本，以此类推，最后一列对应最后一组混合物。

打开 MATLAB 软件，运行如下代码：

```
clc
clear all
x=[ ];
input=[ ];
input=load('Input.txt');%导入分析的原始数据
```

145

```
for  i=1:96
    x(i,1)=input(i,1);
    x(I,2)=input(i,3);
    x(i,3)=input(i,4);
...
    x(i,23)=input(i,31);
```

end%将原始数据随机分成两组，第一组为训练组，用于训练并建立模型。请读者根据实际样本量和数据格式自行补充省略部分内容。

```
y1=[0 11.76 16.66 … 100];
net=newff(minmax(x),[3,1],{'tansig','purelin'},'trainlm');
```

save BP_model net%保存每一次训练的模型。找到最佳模型后，将本行的 save 改成 load，则该模型被确定，后续的训练和预测均采用该模型。

```
net.trainParam.goal=0.001;
net.trainParam.epochs=500;
[net,tr]=train(net,x,y1);
a=sim(net,x);
for  j=1:96
    y(j,1)=inpu(i,2);
    y(j,2)=inpu(i,6);
...
    y(j,8)=inpu(i,30);
```

end%原始数据中除第一组以外的样本数据为第二组，用于验证模型。请读者根据实际样本量和数据格式自行补充省略部分内容。

```
y2=[6.25 25 … 93.75];
b=sim(net,y);
R=corrcoef(y1,a)
r=corrcoef(y2,b)
plot(do,do,do,a,'ok',q,b,'*r');
RMS1=sqrt(sum((y1-a).^2)/23)
RMS2=sqrt(sum((y2-b).^2)/8)
```

运行开始后，弹出训练状态显示界面，此次运行界面如图 5-6 所示。

该例中，利用 newff 函数创建了一个 BP 网络，网络的中间层有 3 个神经元，传递函数为 tansig()，输出层有一个神经元，传递函数为 purelin()。实际上，BP网络中间层神经元的数目对网络性能有比较大的影响，读者可通过输入不同的中间层神经元数目，并对比训练结果来确定最佳值。由图 5-7 所示的均方差曲线可知，经过 29 次训练后，虽然网络的性能还没有为 0，但输出的均方误差已经很小了 MSE=10^{-6}，因此，网络的输出比较精确。

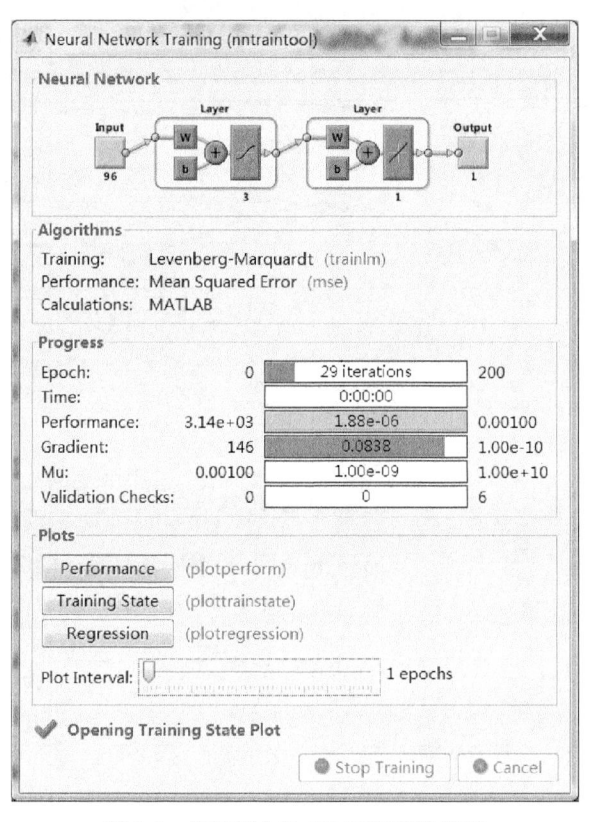

图 5-6　烷烃混合物 BP 网络训练界面

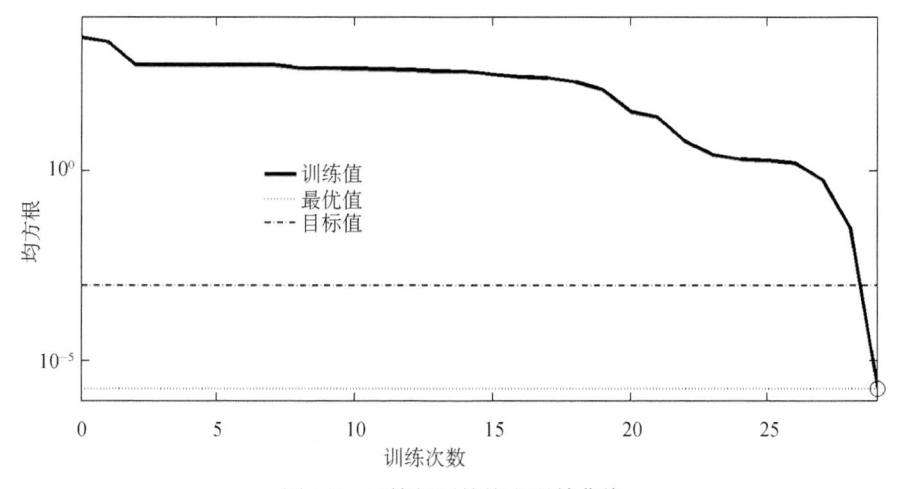

图 5-7　训练得到的均方误差曲线

　　根据图 5-6，BP 网络工具箱提供了训练过程相关参数的变化情况，如图 5-8 所示，读者可根据该图了解相关的训练信息。

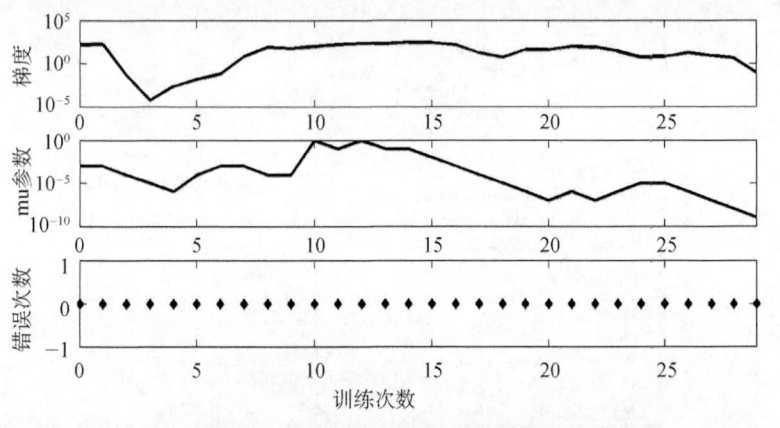

图 5-8　烷烃混合物 BP 网络训练状态

　　图 5-9 表示最终的训练结果及预测集样本的对 BP 网络模型的验证结果，对角虚线表示实际值(横坐标)与计算值(纵坐标)为 0，所有数据点均分布于对角虚线的两侧，且十分靠近对角虚线。但相对于预测集，训练集样本的实际值与计算值之差更小，说明其误差更小。

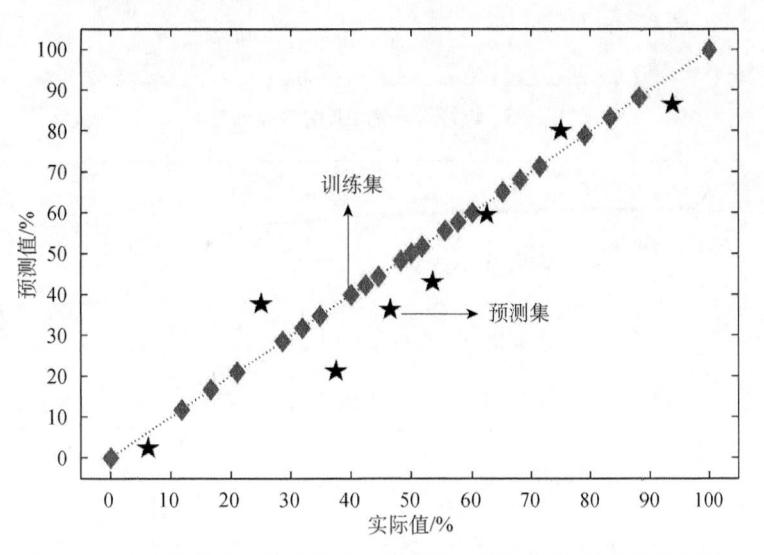

图 5-9　正辛烷/异辛烷混合体系中异辛烷含量的 BP 网络建模和预测

　　为了表征所建立 BP 网络模型的训练和预测效果，利用 corrcoef 函数计算了训练集和预测集的相关系数，利用 sqrt 及 sum 函数计算了数据集的均方根，

MATLAB 主界面显示如下：

```
R=
    1.0000    1.0000
    1.0000    1.0000
r=
    1.0000    0.9455
    0.9455    1.0000
RMS1=
    0.0014
RMS2=
    9.6722
```

因此，相关误差说明 BP 网络模型准确较高、实用性较好。在对二元混合物中某一成分进行定量分析时，请读者针对自身实际情况，参考本例的运行代码，但尝试使用不同的中间层神经元数目及传递函数进行运行，可得到最佳参数和相应的定量结果。

2. 油品含水率、含盐率表征

【例 5.3】 同步表征原油中的含水率和含盐率。含水率和含盐率均为原油物性表征的重要指标，但含水率和含盐率的表征常需要不同的方法和步骤，因此，寻找一种同步表征方法无疑将提高表征评价的效率。本例选用不同含水率及含盐率的原油样品，并进行太赫兹光谱测试，最后以每个样本在 0.2～2THz 频率段的频域谱数据作为输入，进行训练和预测。

分析：在例 5.2 中，表征参数只有 1 个，因此，输出层只有 1 个神经元。本例中，表征的参数量为 2，则输出层需含有两个神经元。其他参数可参照例 5.2。

用 MATLAB 软件运行如下代码：

```
clc
clear all
x=[ ];
input=[ ];
input=load('Input.txt');%导入分析的原始数据
for i=1:96
    x(I,1)=input(i,1);
    x(i,2)=input(i,3);
    x(i,3)=input(i,4);
    ...
    x(i,25)=input(i,33);
```

end%将原始数据随机分成两组，第一组为训练组，用于训练并建立模型。请读者根据实际样本量和数据格式自行补充省略部分内容。

```
y1=[0 0.404 … 0.896;
0 0 … 9.091];
net=newff(minmax(x),[3,2],{'tansig','purelin'},'trainlm');
```

save BP_model net%保存每一次训练的模型。找到最佳模型后，将本行的 save 改成 load，则该模型被确定，后续的训练和预测均采用该模型。

```
net.trainParam.goal=0.005;
net.trainParam.epochs=500;
[net,tr]=train(net,x,y1);
a=sim(net,x);
for j=1:96
    y(j,1)=inpu(i,2);
    y(j,2)=inpu(i,6);
        …
    y(j,8)=inpu(i,30);
```

end%原始数据中除第一组以外的样本数据为第二组，用于验证模型。请读者根据实际样本量和数据格式自行补充省略部分内容。

```
y2=[6.25 25 … 93.75];
b=sim(net,y);
R=corrcoef(y1,a)
r=corrcoef(y2,b)
subplot(221)
plot(y1(1,:));
hold on
plot(a(1,:),'or');
subplot(223)
plot(y1(2,:));
hold on
plot(a(2,:),'or');
subplot(222)
plot(y2(1,:));
hold on
plot(b(1,:),'or');
subplot(224)
plot(y2(2,:));
hold on
plot(b(2,:),'or');
```

```
RMS1=sqrt(sum((y2(1,:)-b(1,:)).^2)/8)
RMS2=sqrt(sum((y2(2,:)-b(2,:)).^2)/8)
```

　　根据图 5-10 所示的误差曲线，经过 34 次训练后（训练函数采用 trainlm），输出神经元为 2 的 BP 网络的误差达到 0.005 以下。考虑到网络性能的训练速度，这里依然将网络隐含层的神经元数目设置为 3。读者可尝试输入其他的隐层神经元数目进行运行，在训练结果相似的情况下，应选择较小的隐层神经元数目，以提高运行速度。

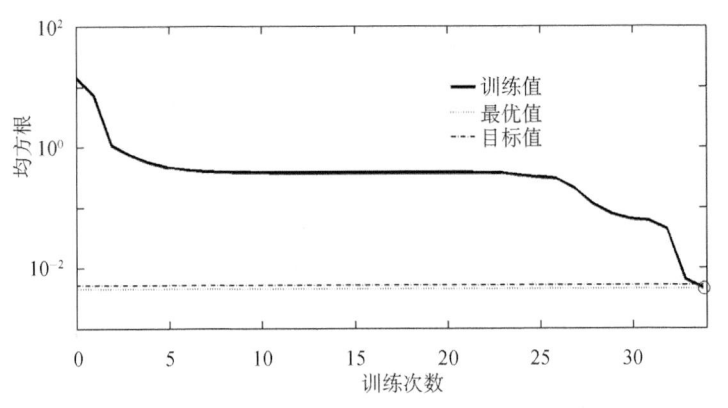

图 5-10　训练得到的均方误差曲线

　　运行结束后，所得最终结果如图 5-11 所示，33 个样本中，25 个用于训练，建立 BP 网络模型，8 个剩下的样本用于验证 BP 网络模型的准确性。这里，依然计算了训练集和预测集中计算值和实际值的相关系数，并得到预测集中含水率和含盐率计算值和实际值的均方误差，MATLAB 误差计算结果如下：

```
R=
    1.0000    0.9997
    0.9997    1.0000
r=
    1.0000    0.9754
    0.9754    1.0000
RMS1=
    0.3698
RMS2=
    0.7893
```

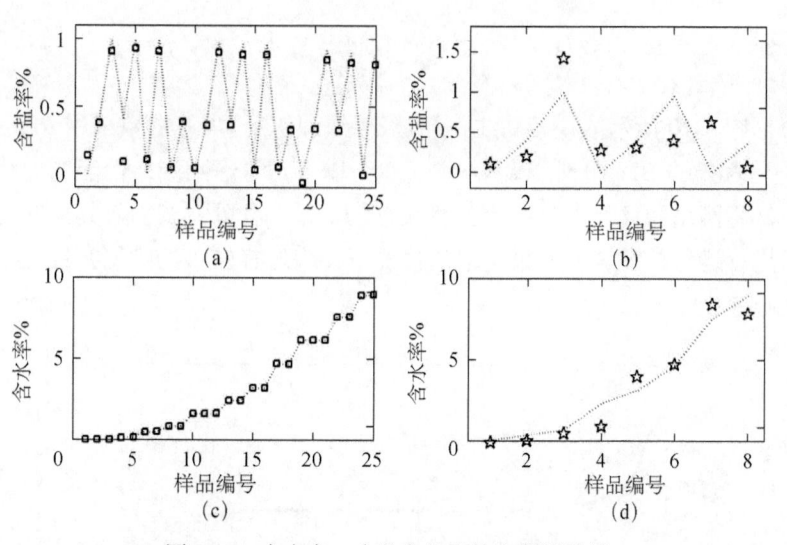

图 5-11　含水率、含盐率的训练和预测结果

3. 天然气主要参数表征

在例 5.2 和例 5.3 中，分别介绍了 1 个和 2 个表征参数的定量分析过程，它们在运行过程中，除了输入变量具有一定差别外，最大的差别在于 newff 函数中前者的输出层神经元个数为 1，后者的输出层神经元个数为 2，即 [3，1] 与 [3，2]，在隐含层神经元个数不变的情况下，两个 BP 神经网络模型均具有较小的误差。

在油气资源的表征评价过程中，常需同步表征某混合体系中更多的参数和指标。以天然气为例，它是由多种烷烃气体组成的混合物。常见的烷烃为链式烷烃，天然气中的链式烷烃主要有三类：甲烷 CH_4 是最简单的有机物，是含碳量最小的烃，也是沼气及油田气的主要成分；乙烷 C_2H_6 是烷烃同系列中第二个成员，为最简单的含碳—碳单键的烃，在天然气中的含量为 5%～10%，仅次于甲烷，以溶解状态存在于石油中；丙烷 C_3H_8 在常压下为气体，运输时压缩为液态，原油或天然气经处理后可得到丙烷，是液化石油气的主要成分。

【例 5.4】　将纯度为 99.5% 的 CH_4、C_2H_6 和 C_3H_8 三种气体以不同比例混合，得到不同配比的气体混合物。由于测试对象为气体，不同气体混合物除各成分含量有所差别外，压强也不尽相同，而压强对气体在太赫兹波段的响应具有显著的影响。因此，该体系中需同时表征各成分浓度和总压强。

分析：研究对象的独立变量有 3 个，即任两个成分的浓度及总压强。因此，输出层的神经个数为 3，其他函数和相关参数与例 5.2、例 5.3 相同。

图 5-12 所示的均方误差表明，经过 16 步训练，BP 网络的均方误差就降低到 0.001 以下，训练所需的时间仅为 2s。

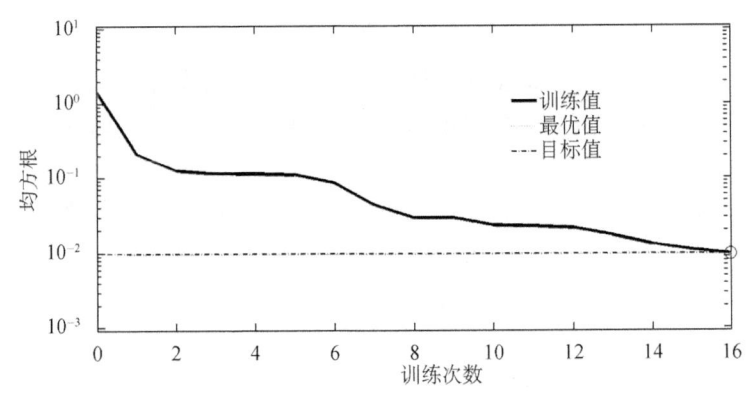

图 5-12　训练得到的均方误差曲线

BP 网络的定量分析结果如图 5-13 所示，对 3 种气体成分及压强进行了同步表征，其中甲烷、乙烷由 BP 网络直接计算，丙烷浓度则由 100%减去甲烷和乙烷总含量得到。为评价 BP 网络模型的准确性，仍然计算了训练集和预测集中计算值和实际值的相关系数，如下所示：

R=

1.0000　　0.9937

0.9937　　1.0000

r=

1.0000　　0.9864

0.9864　　1.0000

根据提供的相关系数可判定所建模型是否达到预期，如果未能达到预期，读者可通过改变隐含层、输出层的传递函数及神经元个数进行多次尝试，直至模型的误差达到要求为止。

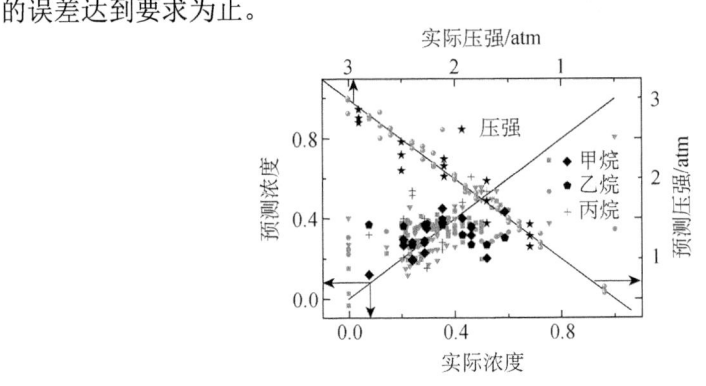

图 5-13　甲、乙、丙烷混合气体的 BP 网络的定量分析结果[23]

$1atm=1.01325 \times 10^5 Pa$

4. 油页岩干馏气的成分及压强同步检测

【例 5.5】 油页岩干馏气中的碳氢化合物主要包括烷烃、烯烃、炔烃等，碳氧化合物包括 CO 和 CO_2。将 CH_4、C_2H_6、CO 和 CO_2 作为干馏气的主要成分，并以不同比例进行混合，利用 THz-TDS 测量其在太赫兹波段的光谱，并结合 BP 网络对各成分含量和总压强实现定量分析，这对提升油页岩的干馏工艺及对干馏气的后续处理都有重要意义。

分析：该混合气体为四元混合体系。与例 5.4 类似，压强是气体检测的一个重要参数，且压强对混合体系的太赫兹响应具有强烈的影响，因此，将压强和成分浓度都作为 BP 网络表征参数。

在 BP 网络训练过程中，参照上述程序代码，利用 newff 函数创建 BP 网络，将隐含层神经元个数及输出层神经元个数分别设定为 3 和 4，最大训练次数和训练目标分别设定为 500 和 0.01。经过 100 次训练后，网络的性能误差达到 0.01 以下，此时干馏混合气的成分浓度和总压强的计算值和预测值如图 5-14 所示，为进一步评价 BP 网络模型的准确性，利用 corrcoef 函数计算了预测集中计算值和实际值的相关系数，相关系数达到了 0.9917。因此，BP 网络可对干馏气的成分浓度和总压强进行定量表征，且训练过程中所选择的相关函数和参数也较为合适，可以推断，这种方法和训练过程还可适用于更复杂体系的多参数定量表征。

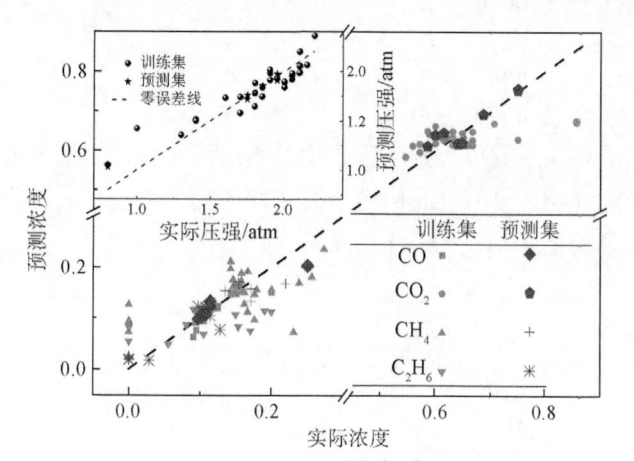

图 5-14　CH_4、C_2H_6、CO、CO_2 及总压强的 BP 网络定量分析结果[24]

5.4　线性神经网络

5.4.1　线性神经网络的结构

线性神经网络和感知器神经网络在结构上较为相似，区别在于线性神经网络的传递函数是线性的，而感知器网络的传递函数是二值型的。相对于感知器网络，线性神经网络的学习算法的收敛速度和精度都有较大程度提高。

二输入的线性神经网络的神经元结构如图 5-15 所示。

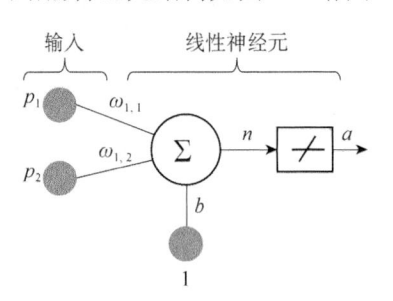

图 5-15　二输入的线性神经网络的神经元结构

从图 5-15 可以看出，线性神经网络的神经元结构与感知器的神经元结构的差异在于传递函数不同，线性神经网络的传递函数为 $f(x)=x$。

5.4.2　线性神经网络的学习算法

线性神经网络的学习过程是按照"误差平方和最小"原则，即 LMS 算法，反复对各种连接权值进行修正的过程。这里的误差指的是实际输出和目标向量之间的差值。这种学习过程所使用的规则称为 Widrow-Hoff 学习规则。

令 $\boldsymbol{p}_k = (p_1(k),\ p_2(k),\cdots,\ p_R(k))$ 表示网络的输入向量，$\boldsymbol{d}_k = (d_1(k),\ d_2(k),\cdots,\ d_R(k))$ 表示网络的目标向量，$\boldsymbol{y}_k = (y_1(k),\ y_2(k),\cdots,\ y_R(k))$ 表示网络的实际输出向量。其中，$k=1,2,\cdots,m$，m 为学习模式(一个输入向量对应的目标向量称为一个学习模式)的数量。

LMS 学习规则是要减小误差平方和的均值，首先定义如下：

$$\mathrm{mse} = \frac{1}{m}\sum_{k=1}^{m} e^2(k) = \frac{1}{m}\sum_{k=1}^{m}(\boldsymbol{d}(k) - \boldsymbol{y}(k))^2 \tag{5-80}$$

从最小均方误差的定义可以看出，它的性能指标是一个二次方程，所以它要么具有全局最小值，要么没有最小值，选择什么样的输入向量恰恰会决定网络的性能指标会有什么样的最小值。

如果考虑第 k 次循环时训练误差的平方对网络权值和阈值的二阶偏微分，会得到

$$\frac{\partial e^2(k)}{\partial \omega_{ij}} = 2e(k)\frac{\partial e(k)}{\partial \omega_{ij}} \tag{5-81}$$

式中，$j=1$，2，$\cdots$，s。

此时的训练误差对网络权值和阈值的一阶偏微分为

$$\frac{\partial e(k)}{\partial \omega_{ij}} = \frac{\partial [d(k) - y(k)]}{\partial \omega_{ij}} = \frac{\partial e}{\partial \omega_{ij}}[d(k) - (Wp(k) + b)] \tag{5-82}$$

或

$$\frac{\partial e(k)}{\partial \omega_{ij}} = \frac{\partial e}{\partial \omega_{ij}}\left[d(k) - \left(\sum_{i=1}^{R}\omega_{ij}p_i(k) + b\right)\right], \quad j = 1, 2, \cdots, s \tag{5-83}$$

式中，$p_i(k)$ 表示第 k 次循环中的第 i 个输入向量，此时

$$\begin{cases} \dfrac{\partial e(k)}{\partial \omega_{ij}} = -p_i(k) \\[3mm] \dfrac{\partial e(k)}{\partial b} = 1 \end{cases} \tag{5-84}$$

根据负梯度下降的原则，网络权值和阈值的该变量应该是 $2\eta e(k)p(k)$ 和 $2\eta e(k)$，式中，η 为学习速率。

因此，网络权值和阈值的修正公式为

$$\begin{cases} \omega(k+1) = \omega(k) + 2\eta e(k)p^{\mathrm{T}}(k) \\[2mm] b(k+1) = b(k) + 2\eta e(k) \end{cases} \tag{5-85}$$

当 η 取较大值时，可以加快网络的训练速度，但如果 η 值过大，会导致网络稳定性降低和训练误差增大，所以为了保证网络进行稳定的训练，学习速率 η 必须为合适的值。不断重复上述求解过程，直到达到预定的精度为止。

5.4.3 线性神经网络的 MATLAB 工具箱函数

MATLAB 软件的神经网络工具箱为线性网络提供了大量的函数，它们可分别用于线性网络的设计、创建、分析训练及仿真等。下面对这些函数的功能、调用格式和注意事项进行介绍。

线性网络的常用函数如表 5-7 所示。

表 5-7 线性网络常用函数

函数类型	函数名称	函数用途
线性网络创建函数	newlin	创建一个线性层
	newlind	设计一个线性层

函数类型	函数名称	函数用途
学习函数	learnwh	Widrow-Hoff 学习函数
	maxlinlr	计算线性层的最大学习速率
纯线性传输函数	purelin	返回一个向量矩阵
均方误差性能函数	mse	计算目标向量与输出向量之间的残差

1. 线性网络创建及设计函数

1) newlin 函数

该函数可以创建一个线性层。所谓线性层是一个单独的层次，它的权函数为 dotprod 函数，输入函数为 netsum 函数，传递函数为 purelin 函数。线性层一般用作信号处理与预测中的自适应滤波器，其调用格式为

```
net=newlin
net=newlin(PR, S, ID, LR)
```

其中，net=newlin 为在一个对话框中创建一个新的网络；PR 为由 R 个输入元素的最大值和最小值组成的 $R \times 2$ 矩阵；S 为输出向量的数目；ID 为输入延迟向量，默认值为 [0]；LR 为学习速率，默认值为 0.01；net 为函数返回值，一个新的线性层。

如果用 0 代替参数 ID，用输入向量的矩阵 P 代替参数 LR，那么函数 newlin(PR，S，0，LR) 返回的线性层的稳定学习速率对于 P 来说是最大的。

2) newlind 函数

该函数可以设计一个线性层，它通过输入向量和目标向量来计算线性层的权值和阈值，其调用格式为

```
net=newlind
net=newlind(P, T, Pi)
```

其中，net=newlind 表示在一个对话框中创建一个新的网络；P 为 Q 组输入向量组成的 $R \times Q$ 维矩阵；T 为 Q 组目标分类向量组成的 $S \times Q$ 维矩阵；Pi 为初始输入延迟状态的 ID 个单元阵列，每个元素 $Pi\{i, k\}$ 都是一个 $Pi \times Q$ 维矩阵，默认值为空；net 为函数返回值，一个线性层，它的输出误差平方和对于输入 P 来说具有最小值。

2. 学习函数

1) learnwh 函数

该函数为 Widrow-Hoff 学习函数，也称 delta 准则或最小方差准则学习函数。

它可以修改神经元的权值和阈值，使输出误差的平方和最小。它沿着误差平方和下降最快的方向连续调整网络的权值和阈值，由于线性网络的误差性能表面是抛物面，只有一个最小值，因此可以保证网络是收敛的，前提是学习速率不超出由 maxlinlr 函数计算得到的最大值。

```
[dW,LS2]=learnwh(W,P,Z,N,A,T,E,gW,gA,D,LP,LS)
[db,LS]=learnwh(b,ones(1,Q),Z,N,A,T,E,gW,gA,D,LP,LS)
info=learnwh(code)
```

其中，W 为加权矩阵(或阈值矩阵)；P 为输入向量；Z 为加权输入向量；N 为网络输入向量；A 为输出向量；T 为目标向量；E 为误差向量；gW 为性能参数的梯度；gA 为性能参数的输出梯度；LP 为学习参数；LS 为学习状态；dW 为权值(或阈值)的变化矩阵；LS2 为新的学习状态；

learnwh(code) 为针对不同的 code 返回相应的有用信息，包括 pnames 为返回学习参数的名称；pdefaults 为返回默认的学习参数；needg 为如果函数使用了 gW 或 gA，则返回 1。

函数的学习参数 LP 可以自行设定，如果设定了学习速率 LP.lr=0.01，这就是其默认值。

2) maxlinlv 函数

该函数为分析函数，用于计算线性层的最大学习速率，其调用格式为

```
lr=maxlinlr(P)
lr=maxlinlr(P,'bias')
```

其中，P 为输入向量组成的 $R \times Q$ 维矩阵；lr=maxlinlr(P) 为针对不带阈值的线性层得到一个所需要的最大学习速率；lr=maxlinlr(P, 'bias') 为针对带有阈值的线性层得到一个所需要的最大学习速率；

一般来说，学习速率越大，所需训练时间越少，但是，如果学习速率过大，容易造成学习过程的不稳定性。

3. 传输及均方误差函数

1) purelin 函数

该函数为纯线性传输函数，其调用格式为

```
A=purelin(N)
```

其中，purelin(N) 函数中的 N 为返回网络输入；A 表示输出矩阵。

神经元最简单的传输函数就是简单地从神经元输入到输出的线性传输函数，输出仅仅被神经元所附加的偏差修正，newlin 函数和 newlind 函数所建立的网络都可以用该函数作为传输函数。

2) mse 函数

mse 函数为均方误差性能函数，其调用格式为

```
perf=mse(E,w,pp)
```

其中，perf 为均方误差；E 为误差矩阵或向量（网络的目标向量和输出向量之差）；w 为所有权值和阈值向量；pp 为性能参数。

5.4.4 线性神经网络的应用举例

在油气资源的太赫兹表征评价过程中，有时需要求解研究对象中某一参数与太赫兹光学参数两者之间的关系。两者之间的关系可能是线性关系，也可能是非线性关系，线性神经网络一般只能学习输入/输出向量之间的线性关系，对于某些特殊的问题，线性网络可能无法得到满意的结果。但是，即使不存在一个完美的结果，只要学习速率足够小，对于给定的结构，线性网络总可得到一个接近目标的结果。通过观察网络在学习时的性能，可以帮助判定油气资源参数与太赫兹参数之间是否为线性关系。

【例 5.6】 在柴油中同时加入不同量的水和 NaCl，配制一系列具有不同含水率和含盐率的油品，随后进行太赫兹光谱测试，提取太赫兹时域光谱信号峰值，判断太赫兹响应与含水率之间是否存在线性关系。

分析：本例的关键在于线性神经网络的线性逼近求解的能力。从输入向量和目标向量的结构看，网络具有 1 个输入神经元和 1 个输出神经元，1 个权值和 1 个阈值。利用 MATLAB 运行以下代码：

```
clc
clear all
Data=[ ]; %定义矩阵格式
[Data, File_path]=uigetfile('*.txt', '选择样品数据');
Data_x_y=[ ];
Data_x_y=load(Data);
[a, b]=size(Data_x_y); %a 为样本个数
Data_x=[ ];
Data_x(:,:)=Data_x_y(:, 1)'; %自变量数据
Data_y=[ ];
Data_y(:,:)=Data_x_y(:, 2)'; %因变量数据
net=newlin(minmax(Data_x), 1, 0, 0.01);
net=init(net);
save xianxingshenjingwangluo net
net.trainParam.epochs=1000;
```

```
net.trainParam.goal=0.00002;
net=train(net, Data_x, Data_y)
yy=sim(net, Data_x);
plot(Data_x, yy);
hold on
plot(Data_x, Data_y, 'or');
```

图 5-16 表示均方误差的变化情况，由此可知，网络的误差在开始阶段变化较快，随着训练的进行，误差的变化越来越缓慢，网络在训练 678 次后，误差就达到了训练目标，小于 0.00002。

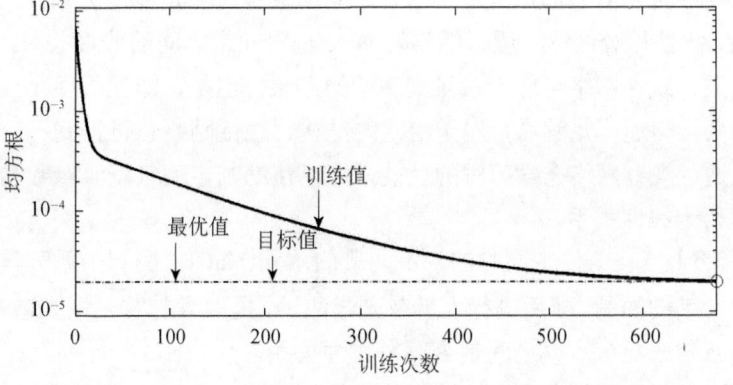

图 5-16　线性神经网络训练得到的均方误差曲线

与 BP 网络一样，yy=sim（net，Data_x）指令可得到线性网络输出，运行结果如图 5-17 所示。从图中可看出，网络逼近直线较好地反映了太赫兹参数与含水量之间的关系，网络逼近误差较小，大部分散点都十分接近于网络逼近直线，

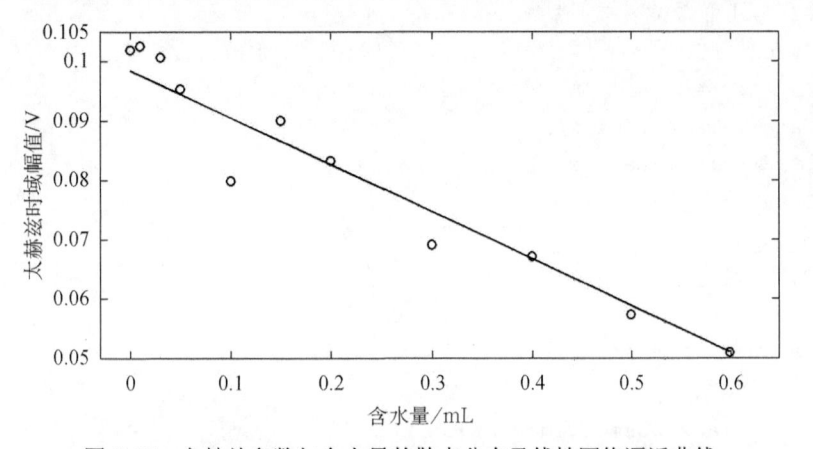

图 5-17　太赫兹参数与含水量的散点分布及线性网络逼近曲线

即证明该例中太赫兹参数与含水量两者之间的关系为线性，混合样品太赫兹响应的变化主要受含水量影响，而含盐率带来的影响很小，在线性分析时几乎可忽略不计。

本章着重介绍了人工神经网络的基本理论、通用的 MATLAB 函数及两种常用的人工神经网络方法，包括 BP 神经网络和线性神经网络。通过这些介绍，读者可总体了解人工神经网络的潜在应用并熟悉人工神经网络的 MATLAB 编程，有助于读者结合自己的太赫兹应用领域和数据形式选择合适的方法进行太赫兹光谱分析，特别是针对油气资源进行太赫兹光谱表征时，5.3 节所介绍的 BP 网络和相关编程可能对多参数的同步表征大有用处。

实际上，在人工神经网络大家庭中，除 BP 网络和线性神经网络外，还有多种形式的神经网络可通过 MATLAB 编程实现运算，如自组织竞争神经网络、径向基函数神经网络、反馈神经网络等。由于篇幅限制，且 BP 网络和线性网络在太赫兹光谱分析中应用最广，只详细介绍这两种方法。读者可通过其他书籍和资料了解其他神经网络的理论和 MATLAB 工具箱函数，其编程和分析也与本书介绍的两种方法有相似之处。

综上所述，笔者认为，人工神经网络在太赫兹光谱分析过程中十分有效，是光谱分析工作者在进行太赫兹光谱分析时的重要选择。

第 6 章　支持向量机

6.1　引论

　　人工神经网络法擅长于解决模式分类和非线性映射问题,支持向量机(support vector machine, SVM)是另一种可用于解决模式分类与非线性映射问题的统计学习方法,属于一种通用的前馈神经网络。因此,支持向量机与人工神经网络都是学习型的机制,但与神经网络不同的是支持向量机所使用的数学方法和优化技术。

　　支持向量机方法是由 Vapnik 领导的 AT&T Bell 实验室研究小组提出的一种新的非常有潜力的分类技术。1995 年, Vapnik 出版了 *The Nature of Statistical Learning Theory*(统计学习理论的本质), 系统地阐述了统计学习理论及 SVM 的概念和分类方法[25]。1997 年 Vapnik 等发表了论文 *Support Vector Method for Function Approximation, Regression Estimation, and Signal Processing*(函数逼近、回归估计和信号处理的支持向量法), 详细介绍了基于 SVM 方法的回归算法和信号处理方法[26]。1997 年, Müller 等采用了利用支持向量机回归进行时间系列建模研究的方法, 拓宽了支持向量机的研究领域, 此后许多学者进行了这方面的研究[27], 例如, 2001 年 Suykens 等采用了支持向量机回归进行优化控制的研究, 使支持向量机的研究向控制领域发展, 不仅开创了智能控制的新方向, 而且进一步拓宽了支持向量机的研究领域[28]。近年来, 支持向量机亦用于太赫兹光谱的解析, 对太赫兹光谱的测试对象进行分类分析、模式识别和回归分析, 在优化、改进太赫兹光谱分析方法的同时, 再次拓宽了支持向量机的应用方向。

6.2　支持向量机分类

　　从线性可分模式分类的角度看,支持向量机的主要思想是建立一个最优决策超平面，使该平面两侧距平面最近的两类样本之间的距离最大化，从而对分类问题提供了良好的泛化能力。对非线性可分模式分类问题，将复杂的模式分类问题非线性地投射到高维特征空间可能是线性可分的，因此，只要变换是非线性的且特征空间的维数足够高，则原始模式空间能变换为一个新的高维特征空间，使在特征空间中模式以较高的概率为线性可分的。

6.2.1　最优超平面

1. 线性可分数据最优超平面

对于线性可分数据，其分类方式为系统随机产生一个超平面并移动它，指导训练集中属于不同类别的样本点正好位于该超平面的两侧。这种方式能够解决现行分类问题，但不能够保证产生的超平面是最优的。支持向量机建立的分类超平面能够在保证分类精度的同时，使超平面两侧的空白区域最大化，从而实现对线性可分问题的最优分类[29]。

设 n 个线性可分样本

$$(x_1, y_1), (x_2, y_2), \cdots, (x_l, y_l), \quad x \in R^n, \ y \in \{-1, +1\} \tag{6-1}$$

则用于分类的超平面方程为

$$\boldsymbol{\omega} \cdot \boldsymbol{x} + b = 0 \tag{6-2}$$

式中，$\boldsymbol{x}$ 为输入向量；$\boldsymbol{\omega}$ 为权值向量；b 为偏置。分类超平面的标准形式约束于

$$y_i[(\boldsymbol{\omega} \cdot \boldsymbol{x}_i) + b] \geqslant 1, \quad i = 1, 2, \cdots, l \tag{6-3}$$

样本点 $\boldsymbol{x}$ 到超平面 $(\boldsymbol{\omega}, b)$ 的距离为

$$d = \frac{|\boldsymbol{\omega} \cdot \boldsymbol{x} + b|}{\|\boldsymbol{\omega}\|} \tag{6-4}$$

所谓最优超平面就是要求分类面不但将两类正确分开，而且能提供两类之间最大可能的分离，因此最优超平面的权值 $\boldsymbol{\omega}_0$ 和偏置 b_0 都是唯一的。如图 6-1 所示，实心点和空心点分别代表两类样本，H 为最优分类线，H_1，H_2 分别为两类中离分类线最近的样本且平行于分类线的直线。

最优超平面的方程为

$$\boldsymbol{\omega}_0 \cdot \boldsymbol{x}_0 + b_0 = 0 \tag{6-5}$$

样本空间任一点到最优超平面的距离为

$$r = \frac{\boldsymbol{\omega}_0 \cdot \boldsymbol{x} + b_0}{\|\boldsymbol{\omega}_0\|} \tag{6-6}$$

定义判别函数

$$g(\boldsymbol{x}) = r\|\boldsymbol{\omega}_0\| = \boldsymbol{\omega}_0 \cdot \boldsymbol{x} + b_0 \tag{6-7}$$

则从 $\boldsymbol{x}$ 到最优超平面的距离是一种代数度量。

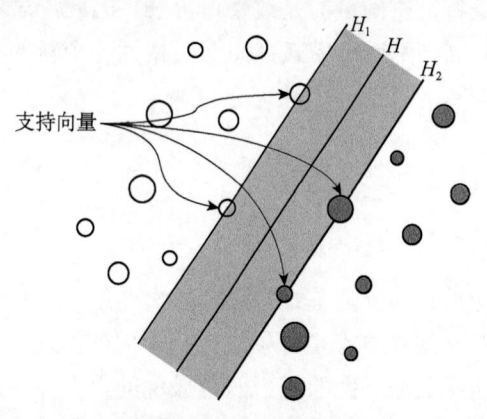

图 6-1   最优分类超平面

将判别函数进行归一化，使所有样本都满足

$$\begin{cases} \boldsymbol{\omega}_0 \cdot \boldsymbol{x}_i + b_0 \geqslant 1, & \text{当}\, y = +1, \\ \boldsymbol{\omega}_0 \cdot \boldsymbol{x}_i + b_0 \leqslant 1, & \text{当}\, y = -1, \end{cases} i = 1, 2, \cdots, l \tag{6-8}$$

图 6-1 中离最优超平面最近的特殊样本 $\boldsymbol{x}^s$ 满足

$$\left| g(\boldsymbol{x}^s) \right| = 1 \tag{6-9}$$

它们称为支持向量。由于支持向量最靠近分类决策面，是最难分类的数据点，因此这些向量在支持向量机的运行中起主要作用。

支持向量到最优超平面的代数距离为

$$r = \frac{g(\boldsymbol{x}^s)}{\|\boldsymbol{\omega}_0\|} = \begin{cases} \dfrac{1}{\|\boldsymbol{\omega}_0\|}, & y = +1, \ \boldsymbol{x}^s \text{在最优超平面的正面} \\[2mm] \dfrac{-1}{\|\boldsymbol{\omega}_0\|}, & y = -1, \ \boldsymbol{x}^s \text{在最优超平面的负面} \end{cases} \tag{6-10}$$

可得分类间隔为 $\dfrac{2}{\|\boldsymbol{\omega}\|}$。该式表明，分离边缘最大化等价于使权值向量的范数 $\|\boldsymbol{\omega}\|$ 最小化。因此，满足式(6-8)的条件且使 $\|\boldsymbol{\omega}\|$ 最小的分类超平面就是最优超平面。

设在 n 维空间中,样本分布在一个半径为 R 的超球范围内,满足条件 $\|\boldsymbol{\omega}\| \leqslant A$ 的标准分类超平面的 VC 维满足

$$h \leqslant \min([R^2 A^2], \ n) + 1 \tag{6-11}$$

$[R^2A^2]$ 表示取 R^2A^2 的整数部分。由于分类间隔为 $\dfrac{2}{\|\boldsymbol{\omega}\|}$，则分类间隔最大等价于使 $\dfrac{1}{2}\|\boldsymbol{\omega}\|^2$ 最小，使 $\dfrac{1}{2}\|\boldsymbol{\omega}\|^2$ 最小就是使 VC 维的上界最小。在式（6-4）的约束下，最小化 $\dfrac{1}{2}\|\boldsymbol{\omega}\|^2$，可以写成拉格朗日泛函形式：

$$L(\boldsymbol{\omega}, b, \alpha) = \frac{1}{2}\|\boldsymbol{\omega}\|^2 - \sum_{i=1}^{l} \alpha_i \{y_i[(\boldsymbol{\omega} \cdot \boldsymbol{x}_i) + b] - 1\} \tag{6-12}$$

式中，$\alpha_i \geq 0 (i=1,2,\cdots)$；$l$ 为拉格朗日因子。$(\boldsymbol{\omega}, b)$ 最小化 $L(\boldsymbol{\omega}, b, \alpha)$，即上式分别对 $\boldsymbol{\omega}$ 和 b 求导可得

$$\begin{cases} \dfrac{\partial L(\boldsymbol{\omega}, b, \alpha)}{\partial \boldsymbol{\omega}} = 0 \\[3mm] \dfrac{\partial L(\boldsymbol{\omega}, b, \alpha)}{\partial b} = 0 \end{cases} \tag{6-13}$$

对上式整理可得最优化条件：

$$\begin{cases} \boldsymbol{\omega} = \displaystyle\sum_{i=1}^{l} \alpha_i x_i y_i \\[3mm] \displaystyle\sum_{i=1}^{l} \alpha_i y_i = 0 \end{cases} \tag{6-14}$$

为使拉格朗日函数最小化，则式(6-12)的第二项应最大化，将式(6-12)展开如下：

$$L(\boldsymbol{\omega}, b, \alpha) = \frac{1}{2}\|\boldsymbol{\omega}\|^2 - \sum_{i=1}^{l} \alpha_i y_i \boldsymbol{\omega} \cdot \boldsymbol{x}_i - b \sum_{i=1}^{l} \alpha_i y_i + \sum_{i=1}^{l} \alpha_i \tag{6-15}$$

由于上式中的第三项为 0，则拉格朗日函数可表示为

$$\begin{aligned} L(\boldsymbol{\omega}, b, \alpha) &= \frac{1}{2}\|\boldsymbol{\omega}\|^2 - \sum_{i=1}^{l} \alpha_i y_i \boldsymbol{\omega} \cdot \boldsymbol{x}_i + \sum_{i=1}^{l} \alpha_i \\ &= \frac{1}{2}\|\boldsymbol{\omega}\|^2 - \boldsymbol{\omega} \sum_{i=1}^{l} \alpha_i \boldsymbol{x}_i y_i + \sum_{i=1}^{l} \alpha_i \\ &= \frac{1}{2}\|\boldsymbol{\omega}\|^2 - \|\boldsymbol{\omega}\|^2 + \sum_{i=1}^{l} \alpha_i \\ &= -\frac{1}{2}\|\boldsymbol{\omega}\|^2 + \sum_{i=1}^{l} \alpha_i \end{aligned} \tag{6-16}$$

而

$$\|\boldsymbol{\omega}\|^2 = \boldsymbol{\omega} \sum_{i=1}^{l} \alpha_i \boldsymbol{x}_i y_i = \sum_{i=1}^{l} \sum_{j=1}^{l} \alpha_i \alpha_j y_i y_j (\boldsymbol{x}_i \cdot \boldsymbol{x}_j) \tag{6-17}$$

设关于 α 的目标函数 $W(\alpha) = L(\boldsymbol{\omega}, b, \alpha)$，则有

$$W(\boldsymbol{\alpha}) = \sum_{i=1}^{l} \alpha_i - \frac{1}{2} \sum_{i=1}^{l} \sum_{j=1}^{l} \alpha_i \alpha_j y_i y_j (\boldsymbol{x}_i \cdot \boldsymbol{x}_j) \tag{6-18}$$

那么，拉格朗日函数的最小化问题可转化为一个最大化函数 $W(\alpha)$ 的"对偶"问题，在约束于 $\alpha_i \geq 0$，$i = 1, 2, \cdots, l$ 的条件下最大化 $W(\alpha)$，以求得 α_i 的解，解中只有一部分 α_i 不为 0，其对应的样本就是支持向量。此时得到的最优分类函数是

$$f(\boldsymbol{x}) = \text{sgn}\{(\boldsymbol{\omega} \cdot x) + b\} = \text{sgn}\left\{\sum_{i=1}^{l} \alpha_i y_i (\boldsymbol{x}_i \cdot \boldsymbol{x}) + b\right\} \tag{6-19}$$

式中，

$$b = -\frac{1}{2}[(\boldsymbol{\omega} \cdot \boldsymbol{x}(1)) + (\boldsymbol{\omega} \cdot \boldsymbol{x}(-1))] \tag{6-20}$$

$\boldsymbol{x}(1)$ 表示第一类的某个支持向量；$\boldsymbol{x}(-1)$ 表示第二类的某个支持向量。

2. 非线性可分数据最优超平面

对于线性不可分的情况，需要适当放宽分类超平面的约束，即在式（6-3）中增加一个松弛变量 $\varepsilon_i \geq 0$，将其变为

$$y_i[(\boldsymbol{\omega} \cdot \boldsymbol{x}_i) + b] \geq 1 - \varepsilon_i, \quad i = 1, 2, \cdots, l \tag{6-21}$$

将 $\frac{1}{2}\|\boldsymbol{\omega}\|^2$ 最小改为求 $\frac{1}{2}\|\boldsymbol{\omega}\|^2 + C\left(\sum_{i=1}^{l} \varepsilon_i\right)$ 最小，即折中考虑最少错分样本和最大分类间隔，就得到广义最优分类面。写成拉格朗日泛函形式为

$$L(\boldsymbol{\omega}, \ b, \ \alpha, \ \beta) = \frac{1}{2}\|\boldsymbol{\omega}\|^2 - C\sum_{i=1}^{l} \varepsilon_i - \sum_{i=1}^{l} \alpha_i \{y_i[\boldsymbol{\omega} \cdot \boldsymbol{x}_i + b] - 1 + \varepsilon_i\} - \sum_{i=1}^{l} \beta_i \varepsilon_i$$

$$\tag{6-22}$$

其中，$C > 0$ 是一个预先确定的值，用以控制对错分样本惩罚的程度；除了约束条件变为 $0 \leq \alpha_i \leq C(i = 1, 2, \cdots, l)$ 外，广义最优分类面的对偶问题与线性可分情况的式(6-18)相同。

6.2.2　非线性支持向量机

对非线性问题的模式识别，可以将输入向量映射到某个高维特征向量空间，如果选用的映射函数适当且特征空间的维数足够大，那么将非线性问题转化为线性可分模式，则可以在该特征空间构造最优超平面进行模式分类。被映射的高维

空间可能是有限维的，也可能是无限维的。

设 x 为 N 维输入空间的向量，令 $\boldsymbol{\varphi}(\boldsymbol{x}) = [\varphi_1(\boldsymbol{x}),\ \varphi_2(\boldsymbol{x}), \cdots,\ \varphi_m(\boldsymbol{x})]^{\mathrm{T}}$ 表示从输入空间到 m 维特征空间的非线性变换，称为输入向量 x 在特征空间诱导出的"像"，因此可在特征空间设定一个分类超平面：

$$\sum_{j=1}^{m} \omega_j \varphi_j(\boldsymbol{x}) + b = 0 \tag{6-23}$$

式中，$\omega_j(j=1, 2, \cdots, m)$ 为特征空间连接到输出空间的权值；b 为偏置或负阈值。

令

$$\begin{cases} \varphi_0(\boldsymbol{x}) = 1 \\ \omega_0 = b \end{cases} \tag{6-24}$$

则

$$\sum_{j=0}^{m} \omega_j \varphi_j(\boldsymbol{x}) = 0 \tag{6-25}$$

将适合线性可分模式输入空间的最优化条件［式(6-14)］用于特征空间中线性可分的"像"，将 x 替换为 $\boldsymbol{\varphi}(\boldsymbol{x})$，即可得

$$\boldsymbol{\omega} = \sum_{i=1}^{l} \alpha_i y_i \boldsymbol{\varphi}(\boldsymbol{x}) \tag{6-26}$$

将式(6-26)代入特征空间的分类超平面［式(6-25)］可得

$$\sum_{i=1}^{l} \alpha_i y_i \boldsymbol{\varphi}(\boldsymbol{x}) \boldsymbol{\varphi}(\boldsymbol{x}) = 0 \tag{6-27}$$

在支持向量机中，映射的具体实现是通过核函数 $K(\boldsymbol{x}_i, \boldsymbol{x}_j) = \boldsymbol{\varphi}(\boldsymbol{x}_i) \cdot \boldsymbol{\varphi}(\boldsymbol{x}_j)$ 来实现的，这里采用满足 Mercer 条件的对称核函数 $K(\boldsymbol{x}_i, \boldsymbol{x}_j)$ 代替线性可分情况下的内积 $\boldsymbol{x}_i \cdot \boldsymbol{x}_j$ 的变换方法，就对应某一变换空间中的内积。由于

$$\begin{cases} K(\boldsymbol{x}, \boldsymbol{y}) = \displaystyle\sum_{m=1}^{\infty} \alpha_m \boldsymbol{\varphi}(\boldsymbol{x}) \varphi(\boldsymbol{y}), & \alpha_m > 0 \\ \displaystyle\iint K(\boldsymbol{x}, \boldsymbol{y}) g(\boldsymbol{x}) g(\boldsymbol{y}) \mathrm{d}\boldsymbol{x} \mathrm{d}\boldsymbol{y} > 0, & \displaystyle\int g^2(x) \mathrm{d}x < \infty \end{cases} \tag{6-28}$$

则变换后的式(6-18)为

$$\max_{\alpha} W(\boldsymbol{\alpha}) = \max_{\alpha} \left\{ \sum_{i=1}^{l} \alpha_i - \frac{1}{2} \sum_{i=1}^{l} \sum_{j=1}^{l} \alpha_i \alpha_j y_i y_j K(\boldsymbol{x}_i \cdot \boldsymbol{x}_j) \right\} \tag{6-29}$$

得到的最优分类函数为

$$f(x) = \mathrm{sgn}\left\{ \sum_{i=1}^{l} \alpha_i y_i K(\boldsymbol{x}_i \cdot \boldsymbol{x}) + b \right\} \tag{6-30}$$

综上所述，支持向量机就是通过内积函数定义的非线性变换将输入空间变换到一个高维空间，并在这个空间中求最优分类面。支持向量机分类函数在形式上类似于一个神经网络，输出是中间节点的线性组合，每个中间节点对应一个支持向量，如图 6-2 所示。

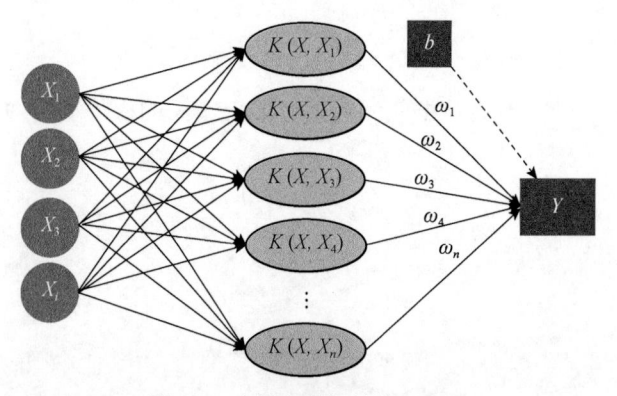

图 6-2 支持向量机结构示意图

6.2.3 核函数

在支持向量机中，需选择核函数将非线性的输入映射到高维特征空间，但并非任意核函数 $K(\boldsymbol{x}, \boldsymbol{x}_i)$ 都能映射到特征空间，即核函数需要满足一定的条件。支持向量机对核函数的要求是满足 Mercer 定理，下面介绍 3 种常见的用于支持向量机的核函数。

（1）多项式函数：

$$K(\boldsymbol{x}, \boldsymbol{x}_i) = [(\boldsymbol{x} \cdot \boldsymbol{x}_i) + 1]^q \tag{6-31}$$

采用该函数的支持向量机是一个 q 阶多项式分类器，其中 q 是可调节参数。

（2）Gauss 径向基核函数：

$$K(\boldsymbol{x}, \boldsymbol{x}_i) = \exp\left(-\frac{|\boldsymbol{x} - \boldsymbol{x}_i|^2}{\sigma^2}\right) \tag{6-32}$$

所得的分类器形式与人工神经网络相似，但不同的是，支持向量机分类器中心、网络结构及其网络权值由二次优化算法自动确定，而人工神经网络除权值以外，多采用启发式方法确定。

（3）Sigmoid（S 型）核函数：

$$K(\boldsymbol{x}, \boldsymbol{x}_i) = \tanh[v(\boldsymbol{x} \cdot \boldsymbol{x}_i) + c] \tag{6-33}$$

与多项式和高斯径向基函数总是满足 Mercer 条件，不同的是 Sigmoid 核函数只是

在特定的 v 和 c 情况下才能满足 Mercer 条件。采用 Sigmoid 核函数的支持向量机实现的是一个单隐层感知器神经网络。

6.2.4　支持向量机的学习算法

支持向量机对训练样本进行求解的学习算法如下。

(1) 准备一组训练样本 $\{(x_1, y_1), (x_2, y_2), \cdots, (x_l, y_l)\}$。

(2) 在约束条件

$$0 \leqslant \alpha_i \leqslant C, \quad i = 1, 2, \cdots, l \tag{6-34}$$

或

$$\alpha_i \geqslant 0, \quad i = 1, 2, \cdots, l \tag{6-35}$$

下求解使目标函数

$$W(\boldsymbol{\alpha}) = \sum_{i=1}^{l} \alpha_i - \frac{1}{2} \sum_{i=1}^{l} \sum_{j=1}^{l} \alpha_i \alpha_j y_i y_j K(\boldsymbol{x}_i, \boldsymbol{x}_j) \tag{6-36}$$

最大化的 α_{0i}。

(3) 计算最优权值：

$$\boldsymbol{\omega}_0 = \sum_{i=1}^{l} \alpha_{0i} y_i \boldsymbol{Y} \tag{6-37}$$

$\boldsymbol{Y}$ 为隐层输出向量。

(4) 对于待分类模式 $\boldsymbol{X}$，计算分类判别函数

$$f(\boldsymbol{X}) = \mathrm{sgn}\left[\sum_{i=1}^{l} \alpha_{0i} y_i K(\boldsymbol{X}_i, \boldsymbol{X}) + b_0 \right] \tag{6-38}$$

根据 $f(\boldsymbol{X})$ 为 1 或 -1，决定 $\boldsymbol{X}$ 的类别归属。

6.3　支持向量机回归

支持向量的方法也可以应用到回归问题中，仍保留了最大间隔算法的所有主要特征：非线性函数可以通过核特征空间中的线性学习器得到，同时系统的容量由与特征空间维数不相关的参数控制。支持向量机回归 (support vector machines regression，SVMR) 有线性回归和非线性回归。

6.3.1　线性支持向量机回归

对于线性回归，使用线性回归函数

$$f(x) = \omega x + b \tag{6-39}$$

估计数据

$$(x_1, y_1), (x_2, y_2), \cdots, (x_i, y_i), \cdots, (x_l, y_l), \quad x_i, y_i \in \mathbf{R} \tag{6-40}$$

假定存在函数 f 在 δ 精度能够估计所有的 (x_i, y_i) 数据，则寻找最小 ω 的问题可以表示成凸优化问题

$$\min \frac{1}{2} \|\omega\|^2 \tag{6-41}$$

约束条件为

$$\begin{cases} y_i - \omega x_i - b \leq \delta \\ \omega x_i + b - y_i \leq \delta \end{cases} \tag{6-42}$$

图 6-3 显示了具有不敏感带的一维线性回归函数的例子，因此同分类算法的思路一样，支持向量机回归算法也需要进行优化，以处理函数 f 在 δ 精度不能估计的数据[30]。

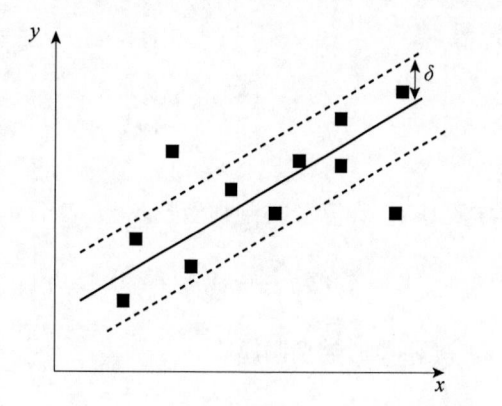

图 6-3　函数 f 在 δ 精度可估计和不能估计的数据点

引入松弛变量 ε_i 和 ε_i^*，式 (6-41) 可优化成

$$\min \frac{1}{2} \|\omega\|^2 + C \sum_{i=1}^{l} (\varepsilon_i + \varepsilon_i^*) \tag{6-43}$$

约束条件变为

$$\begin{cases} y_i - \omega \boldsymbol{x}_i - b \leq \delta + \varepsilon_i \\ \omega \boldsymbol{x}_i + b - y_i \leq \delta + \varepsilon_i^* \\ \varepsilon_i, \varepsilon_i^* \geq 0 \end{cases} \tag{6-44}$$

引入拉格朗日函数和对偶变量

$$L = \frac{1}{2}\|\boldsymbol{\omega}\|^2 + C\sum_{i=1}^{l}(\varepsilon_i + \varepsilon_i^*) - \sum_{i=1}^{l}\alpha_i(\varepsilon_i + \delta - y_i + \omega x_i + b)$$

$$- \sum_{i=1}^{l}\alpha_i^*(\varepsilon_i^* + \delta + y_i - \omega x_i - b) - \sum_{i=1}^{l}(\eta_i\varepsilon_i + \eta_i^*\varepsilon_i^*) \tag{6-45}$$

式中,

$$\begin{cases} \alpha_i, \ \alpha_i^*, \ \eta_i, \ \eta_i^* \geqslant 0 \\ C > 0 \end{cases} \tag{6-46}$$

将式(6-45)对相关参数进行最优求解,即

$$\begin{cases} \dfrac{\partial L}{\partial \omega} = \omega - \sum_{i=1}^{l}(\alpha_i - \alpha_i^*)x_i \\ \dfrac{\partial L}{\partial b} = -\sum_{i=1}^{l}(\alpha_i - \alpha_i^*) \\ \dfrac{\partial L}{\partial \varepsilon_i^*} = C - \alpha_i^* - \eta_i^* \end{cases} \tag{6-47}$$

令式(6-47)中各式等于 0,可解得

$$\begin{cases} \omega = \sum_{i=1}^{l}(\alpha_i - \alpha_i^*)x_i \\ \sum_{i=1}^{l}(\alpha_i - \alpha_i^*) = 0, \ \alpha_i \geqslant 0, \ \alpha_i^* \leqslant C, \ i = 1, 2, \cdots, l \\ C = \alpha_i^* + \eta_i^* \end{cases} \tag{6-48}$$

因此,

$$W(\alpha, \alpha^*) = -\frac{1}{2}\sum_{i,j=1}^{l}(\alpha_i - \alpha_i^*)(\alpha_j - \alpha_j^*)(x_i \cdot x_j) + \sum_{i=1}^{l}(\alpha_i - \alpha_i^*)y_i - \sum_{i=1}^{l}(\alpha_i + \alpha_i^*)\varepsilon \tag{6-49}$$

在式(6-48)的约束条件下,将最大化式(6-49)所求得的参数 α_i、α_i^* 代入式(6-48)求得 ω,由式(6-39)可求得回归方程为

$$f(x) = \sum_{i=1}^{l}(\alpha_i - \alpha_i^*)(x_i \cdot x) + b \tag{6-50}$$

式中, $\alpha_i - \alpha_i^*$ 不等于 0 对应的样本数据就是支持向量。

6.3.2　非线性支持向量机回归

对于非线性支持向量机回归，其基本思想是通过一个非线性映射将数据映射到高维特征空间，映射方式与支持向量机分类相同，并在高维特征空间进行线性回归。那么，在高维特征空间的线性回归就对应于低维输入空间的非线性回归，通过核函数 $K(\boldsymbol{x}_i, \boldsymbol{x}_j) = \boldsymbol{\varphi}(\boldsymbol{x}_i) \cdot \boldsymbol{\varphi}(\boldsymbol{x}_j)$ 来实现。优化问题变为在式（6-48）的约束条件下，优化

$$W(\alpha, \alpha^*) = -\frac{1}{2} \sum_{i,j=1}^{l} (\alpha_i - \alpha_i^*)(\alpha_j - \alpha_j^*) K(\boldsymbol{x}_i, \boldsymbol{x}_j) + \sum_{i=1}^{l} (\alpha_i - \alpha_i^*) y_i - \sum_{i=1}^{l} (\alpha_i + \alpha_i^*) \varepsilon$$

（6-51）

式中，

$$\omega = \sum_{i=1}^{l} (\alpha_i - \alpha_i^*) \boldsymbol{\varphi}(\boldsymbol{x}_i)$$

（6-52）

则 $f(x)$ 可表示为

$$f(x) = \sum_{i=1}^{l} (\alpha_i - \alpha_i^*)(\boldsymbol{\varphi}(\boldsymbol{x}_i) \cdot \boldsymbol{\varphi}(\boldsymbol{x})) + b$$

$$= \sum_{i=1}^{l} (\alpha_i - \alpha_i^*) K(\boldsymbol{x}_i, \boldsymbol{x}) + b$$

（6-53）

Vapnik 等指出，满足 Mercer 条件的任何对称的核函数对应于特征空间的点积。因此核函数的种类较多，如多项式核函数、Gauss 径向基核函数、Sigmoid 核函数，在 6.2.3 小节中已作介绍。

为求解式(6-43)中损失函数的 $\alpha_i - \alpha_i^*$，在式(6-48)的约束条件下最大化式(6-51)即可。

根据最优解条件，对偶变量与约束乘积为 0，则有

$$\begin{cases} \alpha_i(\varepsilon_i + \delta - y_i + \omega \cdot \boldsymbol{x}_i + b) = 0 \\ \alpha_i^*(\varepsilon_i^* + \delta - y_i + \omega \cdot \boldsymbol{x}_i + b) = 0 \end{cases}$$

（6-54）

即

$$\begin{cases} \varepsilon_i(C - \alpha_i) = 0 \\ \varepsilon_i^*(C - \alpha_i^*) = 0 \end{cases}$$

（6-55）

式（6-55）说明，当 $\alpha_i^* \in (0, C)$ 时，$\varepsilon_i^* = 0$，因此，

$$\begin{cases} b = y_i - \omega \cdot \boldsymbol{x}_i - \delta, & \alpha_i \in (0, C) \\ b = y_i - \omega \cdot \boldsymbol{x}_i - \delta, & \alpha_i^* \in (0, C) \end{cases}$$

（6-56）

亦可按式 (6-50) 求解

$$b = \frac{\sum_{k=1}^{\text{lengthSV}} \{\varsigma_k + y_k - \sum_{i=1}^{l} (\alpha_i - \alpha_i^*) K(\boldsymbol{x}_i, \boldsymbol{x}_k)\}}{\text{lengthSV}} \tag{6-57}$$

式中，ς_k 为预测误差；lengthSV 为支持向量机的数目。

6.4 支持向量机的应用实例

支持向量机是建立在统计学习理论的 VC 维理论和结构风险最小原理基础上的，根据有限的样本信息在模型的复杂性和学习能力，获得最好的推广能力。本节将通过两个例子，分别展示支持向量机分类和支持向量机回归在定性和定量分析中的应用。支持向量机已经应用到许多领域，因此本节所用的材料仅是冰山一角，不过本节主要显示支持向量机算法如何在太赫兹光谱分析中进行应用，有助于读者了解针对某一研究对象并在什么样的情况下可以使用支持向量机分类和支持向量机回归。

6.4.1 油品的支持向量机分类

油品的定性识别是油品太赫兹光谱表征与评价的一项基础工作，在太赫兹光谱分析技术未推广应用之前，常直接利用不同油品的太赫兹光学参数谱讨论油品的组成和性质差异，进而区分不同油品。这一方法虽然简单、直接，但在样品较多时缺乏较高的可信度和较统一的评价标准。

支持向量机是与相关学习算法有关的监督学习模型，善于分析数据，进行模式识别，区分不同油品。以汽油、润滑油、柴油为例，分别选取 6 个，共 18 个样本，进行太赫兹光谱测试，求得所有样本的太赫兹吸收谱，并进行支持向量机分析。在分析过程中，在 3 组样本中每组随机选择 4 个，共 12 个样本，作为训练集，分别将 3 种油品的训练目标设为 1、2、3，代表 3 种不同类别，将剩下的 6 个样本作为预测集，根据支持向量机算法可得出该 6 个样本的输出类别，结果如图 6-4 所示。图中 2 个汽油样本、2 个润滑油样本、2 个柴油样本分别输出为 1、2、3，说明基于太赫兹吸收谱的支持向量机预测类别与实际情况完全相符，证明了支持向量机算法应用于油品鉴别的准确性和有效性。

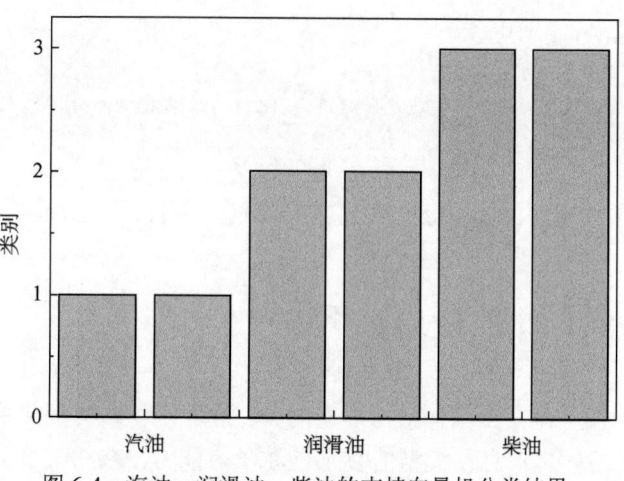

图 6-4　汽油、润滑油、柴油的支持向量机分类结果

6.4.2　PM2.5 的支持向量机回归

支持向量机算法不仅可用于模式识别，亦可进行定量回归分析。这里将以扬尘环境下 PM2.5 质量的定量表征说明支持向量机回归的应用。

本例中的 PM2.5 样本采集于河北某建筑工地施工现场，现场污染主要是扬尘。将所采集的 PM2.5 样本进行傅里叶红外光谱仪测试，提取有效太赫兹波段 2.5～7.5THz 内的吸收谱作为输入变量，进行支持向量机回归。随机选取 47 个样本作为训练集，则剩下的 23 个样本作为预测集，训练与预测结果如图 6-5 所示。训练集与预测集中所有样本均接近于零误差线，相关系数均超过 0.96，说明支持向量机对扬尘环境 PM2.5 的预测误差较小，精度较高。

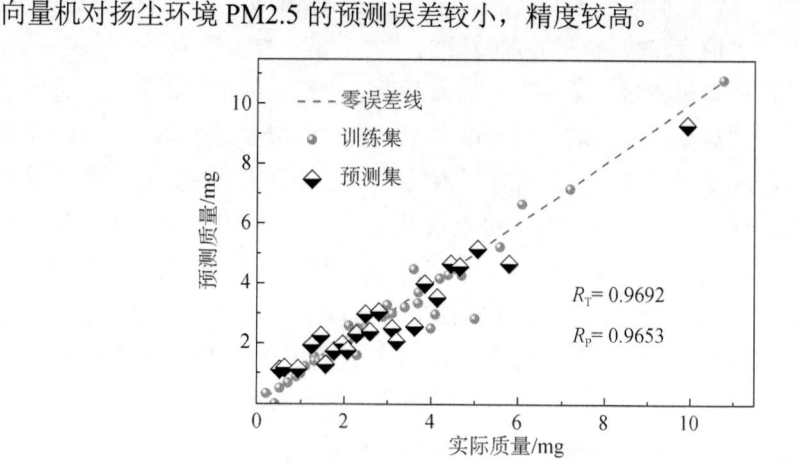

图 6-5　基于 SVM 的 PM2.5 颗粒质量定量分析模型

第 7 章　二维相关光谱

7.1　二维相关光谱的提出

二维相关光谱的概念最初发展于核磁共振(nuclear magnetic resonance，NMR)领域，由瑞士著名化学家理查德·恩斯特(Richard Robert Ernst)首先提出。二维核磁谱是通过多脉冲技术激发核自旋，采集时间域上原子核自旋弛豫过程的衰减信号，经双傅里叶变换得到。二维核磁谱的出现立即引起了相关领域研究者的普遍关注，因为它不但能够将光谱信号扩展到第二维，有效提高光谱分辨率，还可以通过选择相关的光谱信号，鉴别和研究特定基团或原子间的相互作用[31]。鉴于理查德·恩斯特在二维核磁共振研究中的突出贡献，被授予了 1991 年的诺贝尔化学奖。

但是，最初的二维相关光谱理论很难应用到光谱分析领域，如红外光谱，红外的原子间振动弛豫速率比典型的原子核自旋弛豫速率快好几个数量级，难以获得 NMR 中成功应用的多脉冲激发分子振动，利用采集时间域数据来获得二维红外光谱。后来，Ozaki 等[32] 提出了二维红外相关光谱的概念和新的方案，用一个低频率的扰动作用在样品上，通过测定比振动弛豫慢许多，但与分子尺寸运动紧密相关的不同弛豫过程的红外振动光谱，将数学相关分析技术用于红外光谱中，从而得到二维红外相关光谱图，如图 7-1 所示。这就是最初的二维红外相关光谱的理论。

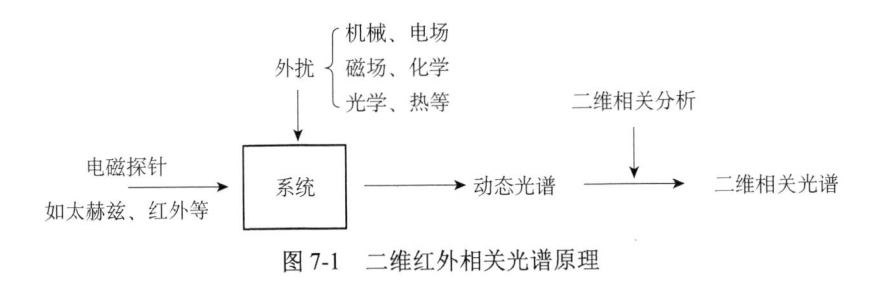

图 7-1　二维红外相关光谱原理

1993 年，Noda 对已有的二维相关光谱理论进行了修正，提出了"广义二维相关光谱技术"(generalized two dimentional correlation analysis)的理论，破除了外扰波形的局限，并将其应用范围拓展到红外、拉曼及紫外等领域。外界扰动变量不仅可以是时间，还可以是温度、压力、浓度、pH 值等。每种扰动均以独特的方式选择性地影响着系统，当外界扰动施加到系统时，系统的不同化学组分被选择性地激励，所得的光谱变化体现为强度变化、位置偏移和波形变化，这时，光谱信号的振动可通过相关方法转换成二维相关光谱[33]。

2012 年，Hoshina，等把二维相关光谱应用于太赫兹光谱分析[34]，将时间作为外界微扰，通过追踪太赫兹吸收谱的时间演化趋势来研究聚 3-羟基丁酸酯的等温结晶过程。这一研究将二维相关光谱的理论和算法拓展到太赫兹光学参数的解析，具有重要意义。

7.2　二维相关方程

在广义二维相关光谱理论中，主要考虑由外扰引起的外扰变量 t 在 $[T_{min}, T_{max}]$ 的时间范围内光谱强度 $y(v, t)$ 的变化。体系对外扰的反应经常表现为有特征的光谱变化，故称为动态光谱(dynamic spectrum)。外扰变量 t 可以是时间、温度、压强、浓度等合理的物理量。光学变量 v 也可以是任何合适的光谱量化系数，如拉曼位移、红外或近红外波数、紫外波长，甚至是 X 光散射角，当然也可以是太赫兹频率。体系受外扰引起的动态光谱 $y(v, t)$ 定义为

$$\bar{y}(v, t)\begin{cases} y(v, t) - \bar{y}(v), & T_{min} \leq t \leq T_{max} \\ 0, & \text{其他} \end{cases} \tag{7-1}$$

式中，$\bar{y}(v)$ 是体系的参比光谱。参比光谱的选择并不一定要求一致，在大多数情况下，我们使用光谱的平均值，定义为

$$\bar{y}(v) = \frac{1}{T_{max} - T_{min}} \int_{T_{min}}^{T_{max}} y(v, t)\mathrm{d}t \tag{7-2}$$

$\bar{y}(v)$ 的选择标准并非固定不变，只要保证在同一研究过程中选取同样的 $\bar{y}(v)$ 即可。在确定了动态光谱之后，就要将动态光谱在时间域上的变化通过傅里叶变换转化成频域上的变化。首先将光谱变量 v_1 在动态光谱上的强度涨落 $\tilde{y}(v_1, t)$ 经过傅里叶变换得到 $\tilde{Y}_1(\omega)$，定义如下：

$$\tilde{Y}_1(\omega) = \int_{-\infty}^{+\infty} \tilde{y}(v_1, t)\mathrm{e}^{-\mathrm{i}\omega t}\mathrm{d}t = \tilde{Y}_1^{Re}(\omega) + \mathrm{i}\tilde{Y}_1^{Im}(\omega) \tag{7-3}$$

式中，ω 为随时间变化的独立频率分量，$\tilde{Y}_1^{Re}(\omega)$ 和 $\tilde{Y}_1^{Im}(\omega)$ 分别为 $\tilde{y}(v_1, t)$ 通过傅

里叶变换得到的实部和虚部。

　　同样地，动态光谱上的强度涨落 $\tilde{y}(v_2, t)$ 经过傅里叶变换得到 $\tilde{Y}_2(\omega)$，定义如下：

$$\tilde{Y}_2(\omega) = \int_{-\infty}^{+\infty} \tilde{y}(v_2, t) e^{-i\omega t} dt = \tilde{Y}_2^{Re}(\omega) + i\tilde{Y}_2^{Im}(\omega) \tag{7-4}$$

其中，$\tilde{y}(v_1, t)$ 及 $\tilde{y}(v_2, t)$ 的二维相关强度 $X(v_1, v_2)$ 可理解为在一定外部变化 t 的区间中对不同光学变量 v_1 和 v_2 的光学强度变化函数进行比较，它可用以下公式进行计算：

$$\begin{aligned} X(v_1, v_2) &= \Phi(v_1, v_2) + i\Psi(v_1, v_2) \\ &= \frac{1}{\pi(T_{max} - T_{min})} \int_0^{\infty} \tilde{Y}_1(\omega)\tilde{Y}_2(\omega) d\omega \end{aligned} \tag{7-5}$$

式中，组成复数的相互垂直的实部 $\Phi(v_1, v_2)$ 和虚部 $\Psi(v_1, v_2)$ 分别称为同步和异步二维相关强度。同步二维相关强度表示随着 t 值的变化，两个在不同光学变量下测量的互不依赖的光学强度的相似性变化，而异步二维相关强度表示随着 t 值的变化，两个在不同光学变量下测量的互不依赖的光学强度的相异性变化。尽管通过式 (7-5) 已经可以计算准确的二维相关光谱，但基于傅里叶变换的计算方式计算量太大，计算时间也长，因此在实际计算中，Noda 团队又提出了 Hilbert 变换的计算方式[32-34]。在 Hilbert 计算法中，同步谱二维相关强度和异步谱二维相关强度可由下式描述：

$$\begin{cases} \Phi(v_1, v_2) = \dfrac{1}{T_{max} - T_{min}} \displaystyle\int_{T_{min}}^{T_{max}} \tilde{y}(v_1, t)\tilde{y}(v_2, t) dt \\[4mm] \Psi(v_1, v_2) = \dfrac{1}{T_{max} - T_{min}} \displaystyle\int_{T_{min}}^{T_{max}} \tilde{y}(v_1, t)\tilde{z}(v_2, t) dt \end{cases} \tag{7-6}$$

式中，$\tilde{z}(v_2, t)$ 是 $\tilde{y}(v_2, t)$ 的 Hilbert 变换：

$$\tilde{z}(v_2, t) = \frac{1}{\pi} \int_{-\infty}^{+\infty} \tilde{y}(v_2, t') \frac{1}{t' - t} dt' \tag{7-7}$$

显然，$\tilde{z}(v_2, t)$ 与 $\tilde{y}(v_2, t)$ 正交，$\tilde{z}(v_2, t)$ 相当于在频率域上将 $\tilde{y}(v_2, t)$ 向前或向后移动 $\dfrac{\pi}{2}$ 个相位。

　　另外，在真正使用二维相关分析时，要分析的光谱数据并非连续数据，而是不连续的数据点，因此 Noda 团队[32-34]也给出了相应的数值计算方法。其在外扰 t 变换区间 $[T_{min}, T_{max}]$ 等间隔地选取 m 个动态光谱，即

$$\Delta t = \frac{T_{max} - T_{min}}{m - 1} \tag{7-8}$$

那么，同步二维相关强度可表示为

$$\Phi(v_1, v_2) = \frac{1}{m-1} \sum_{j=1}^{m} \tilde{y}_j(v_1) \tilde{y}_j(v_2)$$

$$= \frac{1}{m-1} \tilde{y}(v_1)^\mathrm{T} \tilde{y}(v_2) \tag{7-9}$$

式中，

$$\tilde{y}_j(v_i) = \tilde{y}(v_i, \ t_j), \quad i = 1, 2; \ j = 1, 2, \cdots, m \tag{7-10}$$

异步二维相关强度则可以表述为

$$\Psi(v_1, v_2) = \frac{1}{m-1} \sum_{j=1}^{m} \tilde{y}_j(v_1) \sum_{k=1}^{m} N_{jk} \tilde{y}_k(v_2)$$

$$= \frac{1}{m-1} \tilde{y}(v_1)^\mathrm{T} N \tilde{y}(v_2) \tag{7-11}$$

式中，N 代表 Hilbert-Noda 转变矩阵；N_{jk} 代表 Hilbert-Noda 转变矩阵的第 j 行第 k 列的元素：

$$N_{jk} = \begin{cases} 0, & j = k \\ \dfrac{1}{\pi(k-j)}, & j \neq k \end{cases} \tag{7-12}$$

由此可知，广义二维相关光谱本质上就是基于矩阵的数学处理方法，根据式(7-9)及式(7-11)，可以编写出二维相关光谱处理软件[34]。

7.3　二维相关光谱性质

7.3.1　同步光谱性质

同步二维相关光谱的强度 $\Phi(v_1, v_2)$ 代表在外扰 t 的 $T_{\min}$ 和 $T_{\max}$ 区间内，在 v_1 和 v_2 测量的光强同步变化，表征两个动态光谱信号之间的协同程度。当发生在波数或频率 v_1 和 v_2 处的动态变化完全一致时，$\Phi(v_1, v_2)$ 达到最大值；而当两个动态变化正交时，$\Phi(v_1, v_2)$ 为零；当两个动态变化彼此反相时，$\Phi(v_1, v_2)$ 的值最小。

典型的同步二维相关光谱等高线如图 7-2 所示，图中的横坐标和纵坐标都是变量(即光谱图上的波数或频率)，竖坐标常用颜色深浅表示。同步光谱是以 $v_1 = v_2$ 对角线为对称轴的对称图形，在对角线上出现的峰为自相关峰(auto-peak)，而在非对角线上出现的峰称为交叉峰(cross-peak)，对角线上的自相关峰与数学上的自相关函数有关，且峰总为正值，它的强度代表在观察周期中光谱强度动态涨落的总程度。因此，在外扰区间内波数为 v 的吸收峰出现显著变化时，都会出现较强的自相关峰。交叉峰表示位于不同波数 v_1 和 v_2 的波峰的同步变化，交叉峰的存在可能意味着两个峰的变化有共同的机理和起源，交叉峰可能有正峰，也可能有负峰，通过交叉峰的分析可以得到不同波数上的吸收峰变化趋势及相对快慢信息。

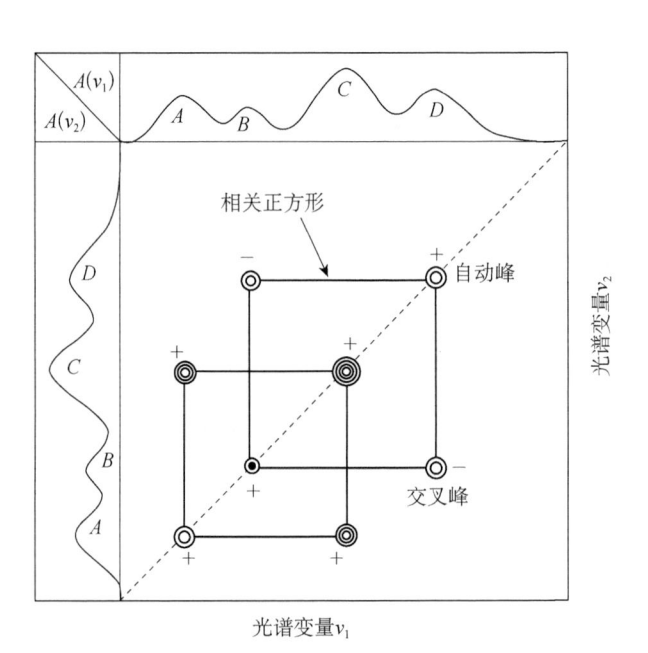

图 7-2　典型的同步二维相关光谱等高线图

7.3.2　异步光谱性质

异步二维相关光谱(图 7-3)表示的是在 v_1 和 v_2 处光强连续的、继承的变化，其光谱强度 $\Psi(v_1, v_2)$ 表征两个动态光谱信号彼此间相差的程度。与同步二维相关光谱不同的是，异步光谱没有自相关峰，且异步相关谱是沿对角线反对称的，即对角线上的强度均为 0。由于正峰 $\Psi(v_1, v_2)$ 和负峰 $\Psi(v_2, v_1)$ 的含义相同，因此，只需分析对角线以上或以下部分信息即可。当两个动态信号彼此正交时，它的值达到最大或最小；而当两个动态信号同向或异向时，它的值为零。异步光谱没有自相关峰出现，完全是由对角线两侧的交叉峰组成的，异步交叉峰的产生是由于两个光谱峰的强度变化存在相对加速度，这种特性可以帮助区分重叠在一起的起源不同的峰。只要光强的连续变化有足够大的差别，即使两个峰很接近，也可以准确区分，异步交叉峰可以是正值也可以是负值。

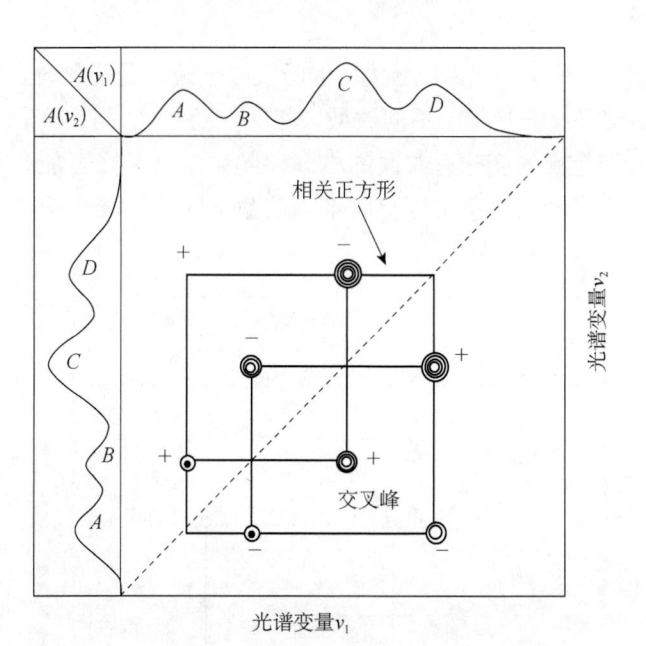

图 7-3　异步二维相关光谱图

7.4　二维相关光谱读谱规则

7.4.1　同步光谱读谱规则

以图 7-2 为例，介绍同步二维相关光谱的读谱规则。如图 7-2 所示，在波数 A、B、C、D 处都出现了自相关峰，说明这四个峰在观察的区间内强度发生了明显变化，但仅仅从自相关峰本身尚无法推断该位置的吸收峰强度在外扰作用下是增强还是减弱。

同时，在图上还出现了四个交叉峰，由于同步相关谱是沿对角线对称的，因此只需分析其中两个交叉峰即可。图 7-2 中，$\Phi(C,A)$ 为正峰，$\Phi(B,D)$ 为负峰。出现交叉峰 $\Phi(v_1,v_2)$ 代表在 v_1 和 v_2 处有振动吸收的官能团或分子间存在很强的协同作用或强烈的相互作用。在外扰 t 作用下，如果两个基团受激发偶极矩取向方向相同，无论是平行或垂直于外部扰动方向，交叉峰为正值；而如果两个基团受激发偶极矩取向方向相互垂直，则交叉峰为负值。也就是说，如果光谱强度在相应的波数上同时增大或减小，相应交叉峰为正；如果一个光谱强度增大的同时另一个光谱强度反而减小，则交叉峰为负。图 7-2 的结果表明：在外扰作用下，在波数 A、B、C、D 处的吸收峰都发生了明显变化，其中 C、A 处的吸收峰同时增强或减弱，而 B、D 处的吸收峰则一个增强另一个减弱[35]。

7.4.2　异步光谱读谱规则

异步相关谱中没有自相关峰，只出现交叉峰 $\Psi(v_1,v_2)$，交叉峰代表在 v_1 和 v_2 位置上光谱信号涨落的傅里叶频率相位不同。判断两吸收峰相关关系的规则如下。

(1) 如果 $\Phi(v_1,v_2)>0$，则在 $v_1>v_2$ 区域，异步交叉峰 $\Psi(v_1,v_2)>0$，说明光谱强度变化在波数 v_1 处先于 v_2 处发生；$\Psi(v_1,v_2)<0$，说明光谱强度变化在波数 v_1 处晚于 v_2 处发生。如果 $\Phi(v_1,v_2)<0$，则上述规则相反。

(2) 如果只有同步交叉峰 $\Phi(v_1,v_2)$，而异步相关交叉峰强度消失，即 $\Psi(v_1,v_2)=0$，说明两个基团受激发偶极矩的取向同时发生。

(3) 如果只有异步交叉峰 $\Psi(v_1,v_2)$，而同步交叉峰强度消失，即 $\Phi(v_1,v_2)=0$，则两个基团受激发偶极矩的取向关系不能确定。

7.4.3　二维相关光谱的优势

通过上述读谱规则介绍，可以发现二维相关光谱具有以下优势。

(1) 由于二维相关光谱可以将光谱信号扩展到第二个维度上，具有较高的分辨率，可以区分处在一维光谱上被覆盖的小峰和弱峰。

(2) 通过同步交叉峰和异步交叉峰的对比分析，可以判断出各个基团在特定外扰存在时的变化顺序，这在研究分子间或分子内的结构和构象的变化时尤为重要。

二维相关光谱已被广泛应用到多个领域的研究中，在太赫兹光谱的光谱解析中也逐步引起了研究者的注意。一些研究对象的内部成分和结构较为复杂，如油气储层物质和 PM2.5 颗粒，其太赫兹吸收谱有时存在较为严重的峰重叠效应，表现在光谱中的现象为基本不出现尖锐峰，而较多的以"馒头峰"形式存在，二维光谱的使用有助于鉴别原始光谱中无法体现的吸收峰。

7.5　二维相关光谱应用举例

二维相关光谱可以将光谱信号扩展到第二个维度上，因此具有较高的分辨率，可以区分处在一维光谱上被覆盖的小峰和弱峰。这对于某些测试对象，特别是具有复杂组分或结构的研究对象的表征具有重要意义。这里,以扬尘环境PM2.5为例介绍二维相关光谱在太赫兹光谱解析中的应用。

如图7-4所示,不同质量PM2.5在太赫兹波段的吸光度有所差异,总体而言,质量越大,太赫兹吸光度越强。此外,PM2.5颗粒物在较低和较高的两个频率处具有吸光极大值,所对应的中心频率分别为3.36THz和6.91THz。不过,由于两个吸收带的半高宽均较大,且形状不属于尖锐的吸收峰,通过吸收谱尚无法判断中心频率为3.36THz和6.91THz的两个吸收带是单一的特征吸收峰,还是由多个弱吸收峰叠加而成,也无法判断其他频率处是否具有特征吸收峰。

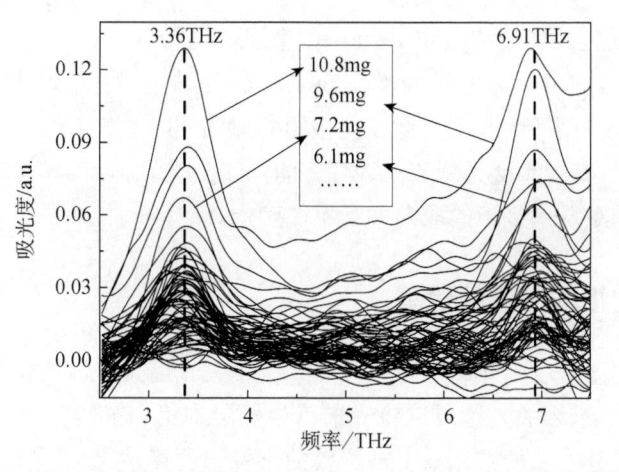

图7-4 来自扬尘环境的不同质量PM2.5在2.5～7.5THz频段内的吸收谱[36]

为了明确扬尘环境PM2.5的吸收谱的特征及吸收峰的特征频率,将图7-4所示的吸收谱数据作二维相关光谱分析。在进行二维相关分析时,以PM2.5质量为外界微扰,以2.5～7.5THz频段内的所有吸收谱数据作为输入变量,经二维相关光谱分析,得到扬尘环境PM2.5的二维相关光谱同步图和异步图,如图7-5所示。在同步图中,相关正方形的4个顶点位置分别为(3.36,3.36)、(3.36,6.91)、(6.91,6.91)和(6.91,3.36),这与上述讨论的吸收带中心频率一致。主对角线上,3.36THz和6.91THz处自动峰是由于质量变化引起吸收光谱动态波动造成的,其强度分别为6.55×10^{-4}和4.56×10^{-4},即吸收光谱对PM2.5质量变化敏感。此外,(3.36,5.84)处存在同步交叉峰,这表明,太赫兹频率范围内样品的基团特征振动之间存在弱相互作用。异步图中,由于图形是沿着对角线反对称的,只讨论对角线的左上半部分。在低频段,(2.69,3.39)存在正交叉峰,由于吸收谱中只在3.36处存在一个吸收带,可判定该吸收带是由频率为2.69THz和3.39THz两处吸收峰叠加而成的,2.69THz处吸收强度相对较小,3.39THz处吸收强度较大,说明3.39THz处吸收峰为形成吸收带的主要原因。类似地，在高频段可判定中心频率为 6.91THz 的吸收带包含了 6.36THz、6.89THz 和 7.43THz 处的三个吸收峰。$(6.89, 7.43)$ 和 $(6.89, 6.36)$ 位置出现正的异步交叉峰，说明 6.89THz 处强度变化总是先于 7.43THz 和 6.36THz 处的强度变化。因此，原始吸收谱中实际包含了多个特征吸收峰，通过二维相关分析可鉴别 PM2.5 吸收谱的特征。

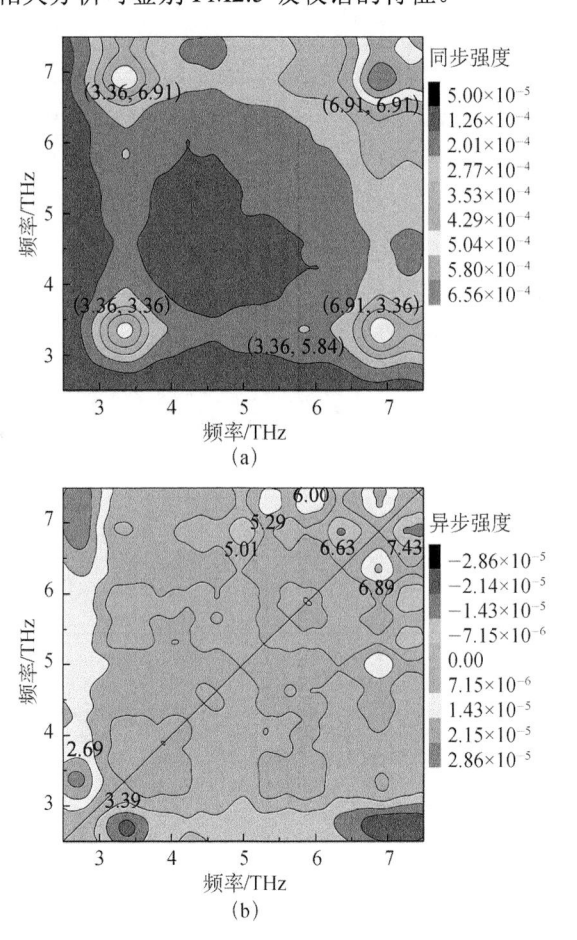

图 7-5　扬尘环境 PM2.5 的二维相关光谱同步图 (a) 和异步图 (b) [36]

原始的太赫兹光学参数谱常常包含多个小峰弱峰，或部分吸收峰往往因为频率较为接近而出现峰重叠现象，使得通过吸收谱有时难以直观判断部分特征信息，二维相关光谱的使用可有效缓解甚至解决这一问题。本章主要介绍了二维相关光谱的数学方程、性质以及通用的读谱规则，并以在扬尘环境中采集的 PM2.5 为例，详细介绍了二维相关光谱的使用条件及其解谱方法，并将二维相关光谱分析结果与原始吸收谱进行对比，标定了吸收谱隐藏的特征。

随着太赫兹技术应用的扩展，峰重叠效应或弱峰小峰隐藏现象可能会在多种情况中出现，二维相关光谱分析方法无疑将会为太赫兹光谱的准确解析提供有效支撑。

第8章 太赫兹光谱分析方法的联用及实例

第 2~7 章分别介绍了六种太赫兹光谱分析方法的原理、算法及应用实例，由此总结了每种方法的特点及其应用的方向。例如，为探究太赫兹光学参数与某一个或几个物性之间的关系，可选择最简易的方法——线性回归分析，即线性回归分析在大部分情况下都可尝试使用；若要分析若干样品中样品之间的相似相异性，并据此对所有样本进行归类，则可选择聚类分析、主成分分析及支持向量机等方法对某一频段内的太赫兹光学参数谱进行处理；若要对样品的物性参数进行精确的定量表征和评价，特别是针对无明显吸收峰的样品，则可采用人工神经网络、支持向量机回归等方法进行分析；若样品的光学参数谱存在峰重叠效应，为鉴别其中隐藏的弱峰、小峰，则优先选择二维相关光谱。因此，请读者根据样品物性、光谱特点及分析目标选用合适的方法。

在某些情况下，一种方法的使用往往难以满足太赫兹光谱表征评价的要求，这时需根据实际情况选择多种太赫兹光谱分析方法，共同实现样品的综合表征。正是由于这样的需求，本章将介绍针对同一研究对象、不同评价目标，甚至同一研究对象、相同评价目标的多种方法的联用，对于相关方法联用，将采取实例描述的方式进行详细介绍。

8.1 成品油及其添加剂检测

自从世界上第一辆汽车于 1886 年问世以来，汽车能源基本上采用的是石油制品：汽油和柴油，汽车的产量与保有量的逐年递增使汽车行业成为石油消耗最大的产业之一。汽车保有量的增加也带来了一系列的环境问题，例如，汽车在行驶过程中，燃料油燃烧会排放出废气，废气中含有 120~200 种化合物，其主要成分是一氧化碳、二氧化碳、氮氧化物等，此外还有烟尘和颗粒物。因此，燃油及其添加剂的研究对提高发动机燃烧效率，降低废气排放及环境污染具有重要的意义[37, 38]。本节将介绍三种典型成品油，包括润滑油、汽油、柴油的太赫兹光谱鉴别，并着重介绍汽油和柴油中添加剂的定量表征和光谱特征识别[39]，旨在帮助读者了解针对不同的表征需求如何选择合适的太赫兹光谱分析方法。

8.1.1 主成分分析

润滑油、汽油、柴油是工业生产和生活中常用的成品油，它们都主要由不同种类、不同碳数、不同结构的烃类及其他有机物或非烃类组成。若对三种油品进行直接区分，可首先测得三种油品若干个样本的太赫兹光谱，三种油品典型的太赫兹吸收谱如图 8-1 中插图所示。由图可知，不同油品的吸收谱确实有差异，但同时存在交叉现象，在这种情况下，选一种适合的分析方法，并将整个有效频段内的吸收谱数据考虑在内显得尤为重要。

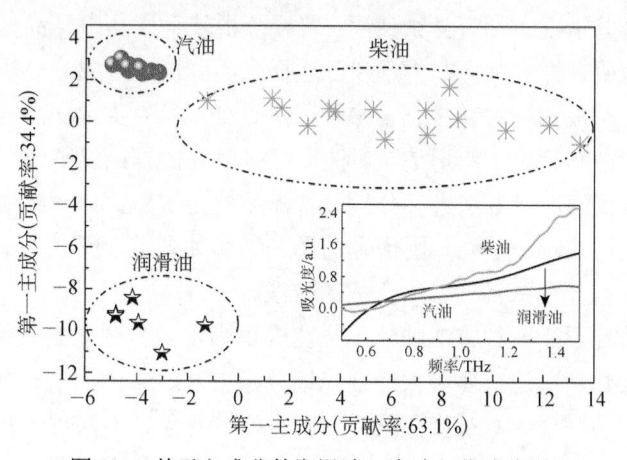

图 8-1　基于主成分的润滑油、汽油、柴油鉴别

主成分分析法可通过降维技术把多个频率变量转化为少数几个主成分，且前1～3 个主成分往往能够反映原始变量的大部分信息。因此，在该例中，可将三种油品在相同有效频段内的太赫兹吸收谱数据存储于一个数据文件中，进行主成分分析运算，得到每个样本的主成分得分，选取前 2 或 3 个主成分并建立相应的坐标系，通过所有样本在 2 或 3 维坐标系的位置分布对三种油品进行区分。如图 8-1 所示，在二维坐标系中，代表三种油品的样本点分布在不同位置，同一种油品的分布相对集中，例如，润滑油主要位于坐标系的左下部分，汽油主要位于左上部分，柴油则位于右上部分。因此，主成分分析法完全适合于润滑油、汽油、柴油的定性区分。

8.1.2　线性回归分析

在油品中加入一定量的添加剂，油品的性质会随之改变，其太赫兹响应也会发生相应的变化，因此太赫兹光学参数可反映油品的性质变化。在本例中，汽油的添加剂为不同浓度的硫，柴油的添加剂为不同体积百分数的聚甲基丙烯酸酯（methyl methacrylate，MMA）。为讨论几个光学参数与添加剂含量的关系，这里采用一元线性回归分析方法。

太赫兹光学参数与汽油硫含量及柴油 MMA 的关系分别如图 8-2 和图 8-3 所示。图 8-2 中，随机选取 0.5THz、0.8THz、1.1THz、1.4THz 频率处的太赫兹吸收，并对应样本的硫含量，其整体趋势显示两者之间存在线性关系。图 8-3 中除提取上述频率的太赫兹吸光度外，还提取了太赫兹时域谱中信号的峰值和对应的时间延迟，并将它们与 MMA 百分数联系起来，发现它们之间同样存在线性关系，这说明添加剂与油品之间以及添加剂与添加剂之间几乎不存在相互作用。此外，所得到的线性关系亦可用作添加剂的快速表征。

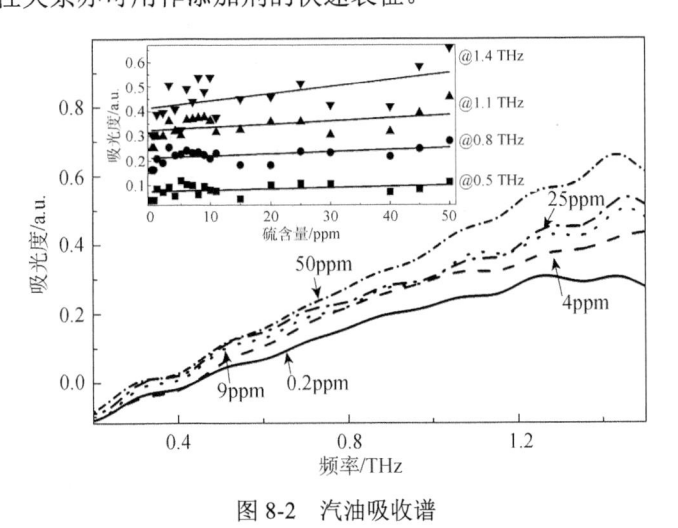

图 8-2　汽油吸收谱

插图为汽油太赫兹吸光度与硫含量的关系；ppm 为 part per million，1ppm=0.001‰

8.1.3　人工神经网络与支持向量机

在多数情况下，油品的添加剂都是微量的。例如，本例中硫含量位于 0.2ppm～50ppm 之间，MMA 含量为 0.2%～3.0%，其精确的定量表征十分重要，只通过上述线性相关模型还难以达到定量表征的要求。基于人工神经网络和支持向量机的算法特点，它们将是油品添加剂定量表征的极好的选择。图 8-4 为人工神经网络和支持向量机对汽油硫含量和柴油 MMA 含量的定量分析结果，图 8-4(a)和(b)表示汽油硫含量的神经网络及支持向量机定量模型，图 8-4(c)和(d)表示柴油 MMA 含量的神经网络及支持向量机定量模型。通过计算两种模型中训练集和预测集的相关误差，如相关系数(R)和均方根(RMSE)，可知人工神经网

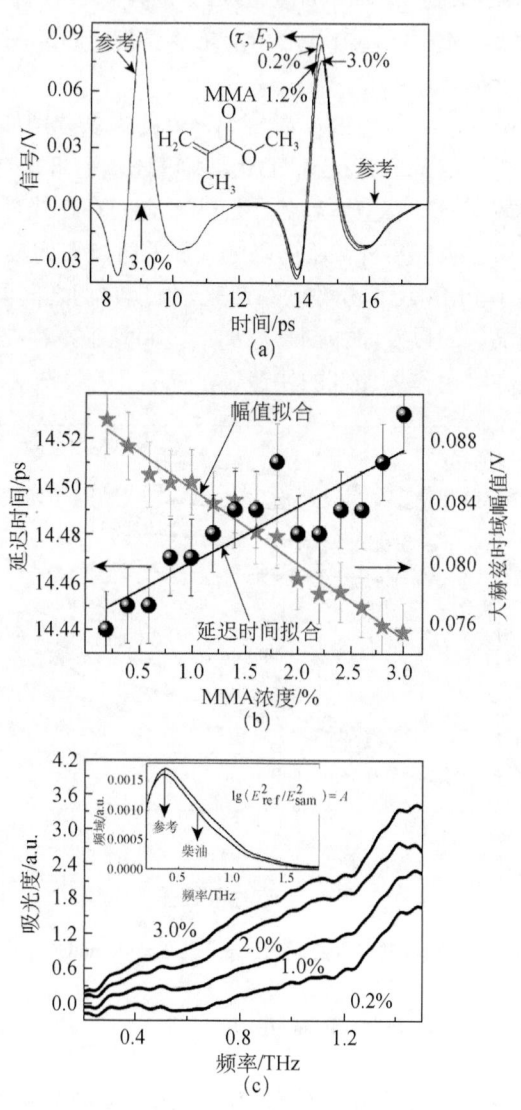

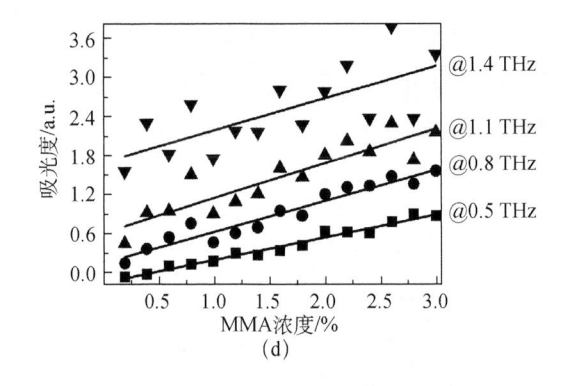

图 8-3　柴油光学参数谱以光学参数与添加剂含量的线性关系

（a）、（c）图中 0.2%、1.2%、2.0% 和 3% 为 MMA 浓度

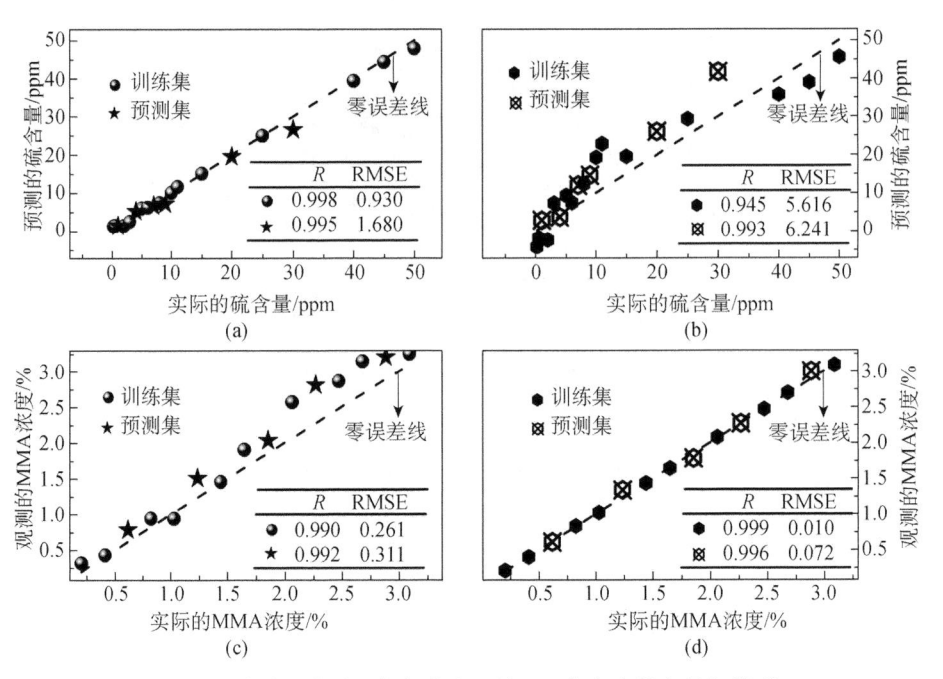

图 8-4　汽油及柴油添加剂的人工神经网络与支持向量机模型

络和支持向量机模型中样本的预测值十分接近于实际值，因此，这两种方法的使用大大提高了一元线性回归模型的预测精度。

8.1.4　二维相关光谱

图 8-2 和图 8-3 中所示的吸收谱均未出现明显的吸收峰，为进一步明确含添

加剂的汽油和柴油吸收谱是否存在特征吸收，并探索 THz 响应与油品添加剂的相互作用关系，采用二维相关光谱分析方法，以添加剂含量为微扰，对汽油及柴油的吸收谱进行二维相关分析。

图 8-5 为汽油的二维相关光谱同步图和异步图，图 8-6 为柴油的二维相关光

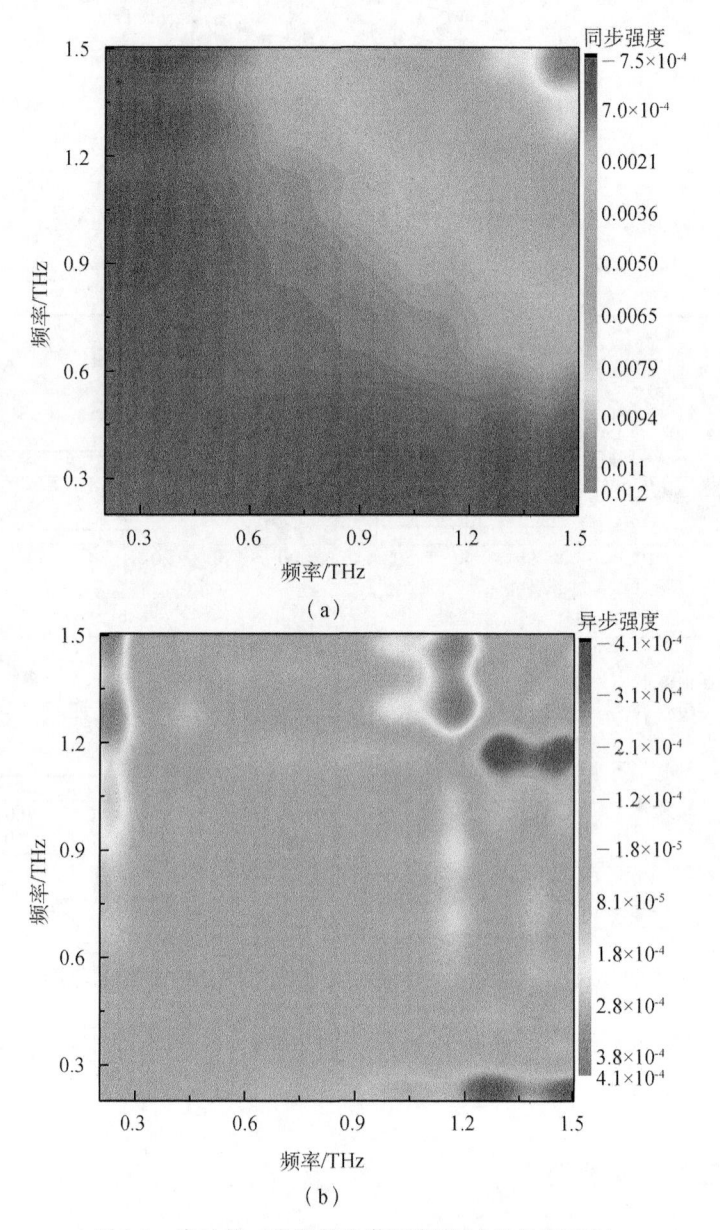

图 8-5　汽油的二维相关光谱同步图(a)及异步图(b)

谱同步图和异步图。通过分析汽油的二维相关光谱异步图，发现含添加剂的汽油在 0.23THz、1.18THz、1.31THz 等频率处出现吸收峰，这一结果与文献中对类似样本太赫兹吸收特性的报道基本一致[40]。在柴油二维相关光谱异步图中，发现 0.41THz、0.63THz、1.13THz 等频率具有弱吸收峰，通过同步图和异步图的对比分析以及相关报道[41]，发现 1.13THz 应属于柴油本身的特征频率，因此，0.41THz 及 1.63THz 处的弱吸收峰就可能来自于添加剂 MMA 在太赫兹频段的特征响应。

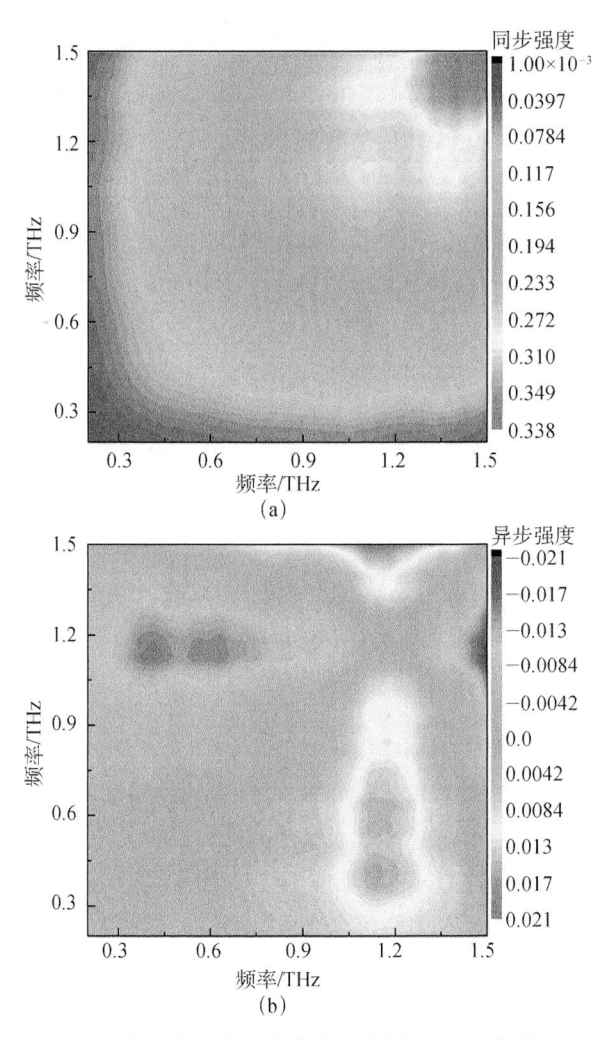

图 8-6　柴油的二维相关光谱同步图(b)及异步图(b)

8.2 煤炭的元素和关键指标分析

煤炭是世界上分布最广的化石能源,在一次能源生产和消费结构中,煤炭的比例分别达到约 80%和 70%[42]。在煤炭的生产和加工利用过程中,对于几种重要指标的监控,既需要准确的实验室分析也需要快速的在线检测,两者有机结合,缺一不可。太赫兹时域光谱可对煤炭矿物进行表征,不同煤质样品在太赫兹波段具有不同的响应,且太赫兹常数与煤炭的关键指标具有一定的对应关系。本例所采用的实验样品为煤炭标准物质,其基本物理性质参数已知,由国家煤炭质量监督中心提供,见表 8-1。

表 8-1　几种煤炭标准物质的编号及相关物理性质参数

煤炭编号	硫/%	灰分/%	挥发分/%	碳/%	氢/%	氮/%
101p	0.51	8.48	33.97	77.03	4.7	1.4
101q	0.49	9.63	22.19	79.21	4.21	1.4
103h	0.4	13.16	9.99	78.73	2.66	0.98
104g	1.19	13.8	5.58	79.77	2.14	0.92
109g	2.81	28.78	29.43	56.98	3.91	0.94
110g	4.43	26.31	18.34	61.14	2.98	0.96
111f	1.77	20.36	29.96	64.08	3.97	1.11
113e	3.05	24.45	10.96	64.84	2.87	1.06
126a	0.26	14.56	5.82	80	0.95	0.24

注:含量为质量分数。

本节将详细介绍如何选用适合的光谱分析方法以及如何利用所选用的分析方法,探讨太赫兹响应与煤炭成分的关系及煤质表征。

8.2.1 聚类分析

由表 8-1 可知,煤炭物质由多种元素构成,其成分较为复杂。因此,需要解决的首要问题就是相关元素对煤炭样本太赫兹响应贡献的大小,即哪一种或哪几种元素是影响煤炭折射率和吸收效应的主要元素,一般来说,对光学参数影响较大的元素更容易被准确表征。这里选用将整个频段的所有光谱数据作为输入数据集,采用聚类分析方法对其进行分类计算,通过比较样品之间的欧氏距离可评价煤炭物质的相似相异性,并结合相似样本或相异样本的元素含量差异,可综合推断出影响煤炭标准物质的太赫兹折射率和吸收系数的主要因素,回答元素的贡献问题[43]。

图 8-7 表示将折射率谱作为输入变量所得到的聚类树形图,结果显示 9 种煤

炭可分为两大类，103h 和 111f 作为第一大类，其余 7 个样本为第二类。在第二类中，101p 和 104g 的距离最小，它们所组成的新类与 109g 间的欧氏距离也较小，说明这三种样本在太赫兹波段的折射率较为相似。类似地，样本 110g 和 113e 之间有较小的欧氏距离，其新类与 126a 也保持着较相似的折射率。通过比较聚类结果与样本已知的物理性质可知，碳含量是影响煤炭物质在太赫兹波段折射率的主要原因。例如，101p 和 104g 的碳含量分别为 77.03% 和 79.77%，相对误差为 3.5%，其他成分之间的相对误差均在 20% 以上。

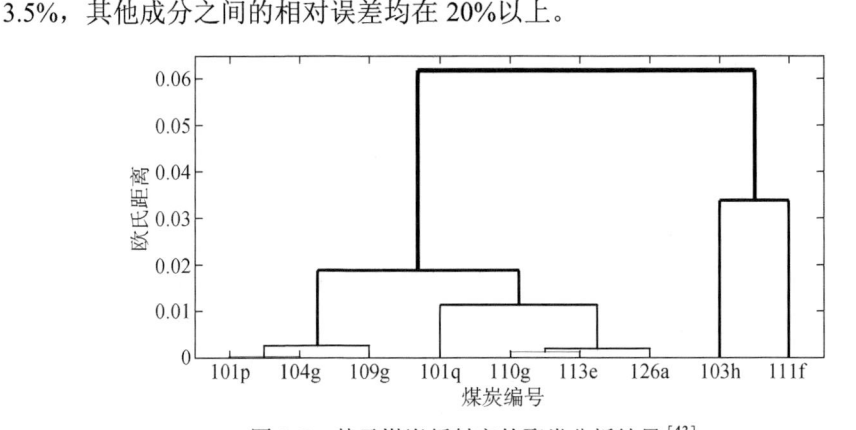

图 8-7　基于煤炭折射率的聚类分析结果[43]

将所有吸收数据作为聚类分析的输入变量，得到基于吸收系数谱的聚类树形图，如图 8-8 所示。在 9 种煤炭样品中，103h 和 110g 的欧氏距离最小，相似性最高，103h 和 110g 组成的新类与 109g 次之，111f 和 113e 紧随其后，101q 和 101p 也仅次于上一步的新类聚集。对于在吸收系数聚类树中最相近的 103h 和 110g，它们的氢含量和氮含量都极为相近(氢含量分别为 2.66% 和 2.98%，氮含量分别为

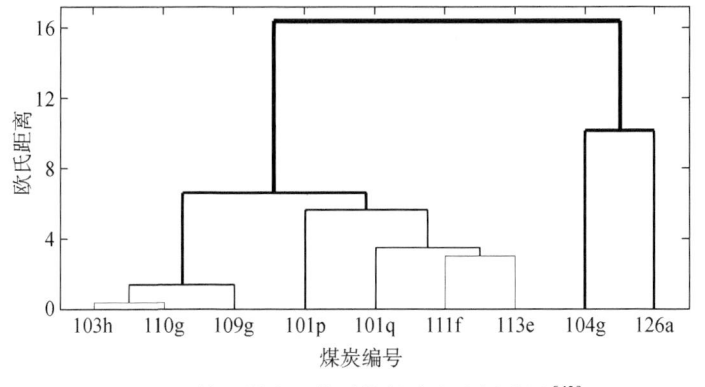

图 8-8　基于煤炭吸收系数的聚类分析结果[43]

0.98%和0.96%)，对109g而言，其氮含量与103h和110g也极为相近(109g的氮含量为0.94%)，氢含量的差值也较小。逐一进行对比后，综合9个样本的吸收系数聚类结果可知，氢含量和氮含量是影响煤炭在太赫兹波段吸收效应大小的关键因素，这是由于氢含量和氮含量在某种程度上反映了煤炭中水分及有机质的百分比，有机物特别是极性物质对太赫兹辐射往往都具有较强的吸收。

综上所述，各成分均对煤炭在太赫兹波段的折射和吸收效应具有不同程度的影响，其中碳含量是影响煤炭折射率的主要因素，氢含量和氮含量是影响煤炭吸收系数的主要因素。

8.2.2　主成分分析

挥发分是表征煤变质程度的重要指标，一般随变质程度的增高而增大，在确定煤炭加工工艺时具有重要的指导作用。灰分主要是煤炭中不能燃烧的物质，也是煤质指标评价体系中的重要一员，灰分越高，煤炭燃烧的热效率往往越低。挥发分和灰分均为煤质评价的关键指标，其中，挥发分是区分无烟煤与烟煤的参数，灰分是区分精煤与贫煤的参数，一般来讲，无烟煤的挥发分含量小于10%，烟煤的挥发分为10%～37%，精煤的灰分含量小于15%，贫煤的灰分大于15%。

鉴于挥发分与灰分在煤质评价中的关键作用，利用太赫兹光谱对煤炭的挥发分与灰分进行表征评价。煤炭的吸收谱较为平滑，无尖锐的吸收峰，选用某个频率处的太赫兹吸收作为表征参数不具备足够的代表性，因此，考虑将有效 THz 频段内的所有吸收谱数据用于分析，利用主成分分析法，把上百个频率的吸收转化为几个主成分。图 8-9 即为所有煤炭样本的第一主成分(横坐标)和第二主成分(纵坐标)。

由于第一主成分的贡献率超过98%，因此第一主成分足以代表了样本的主要原始信息。将所有煤炭物质的第一主成分得分提取出来，并与相应的挥发分与灰分结合起来，所得结果分别如图 8-10 及图 8-11 所示。随着挥发分的增大，主成分得分先迅速减小，后逐渐转为恒定，转折点所对应的挥发分约为 10%，即挥发分在小于 10%和 10%～37%时，煤炭的主成分得分分别大于或小于 0 且衰减具有明显的差异，因此，通过主成分曲线可检测煤炭的挥发分，进而判断煤炭属无烟煤或烟煤。类似地，在灰分小于 15%和大于 15%两个范围内，主成分得分分别增大和减小，其转折点几乎等于精煤和贫煤的灰分临界值。因此，基于太赫兹光谱的主成分得分直接可判定精煤和贫煤。

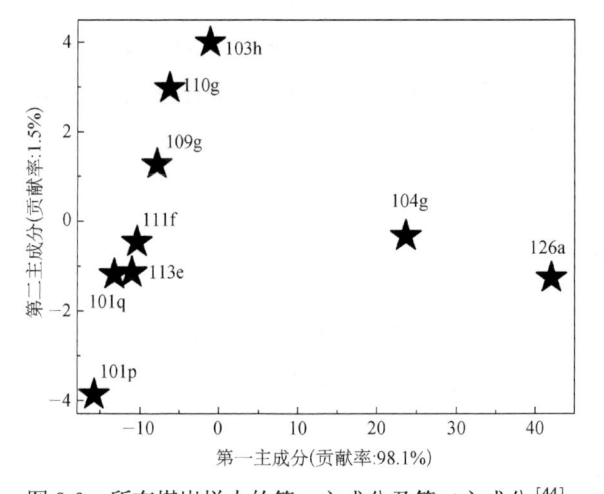

图 8-9　所有煤炭样本的第一主成分及第二主成分[44]

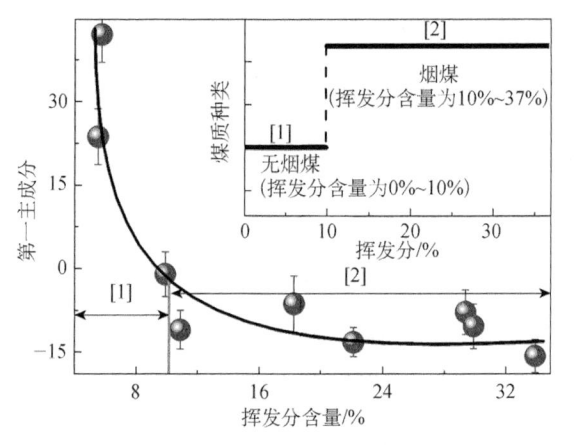

图 8-10　第一主成分与挥发分的关系[44]

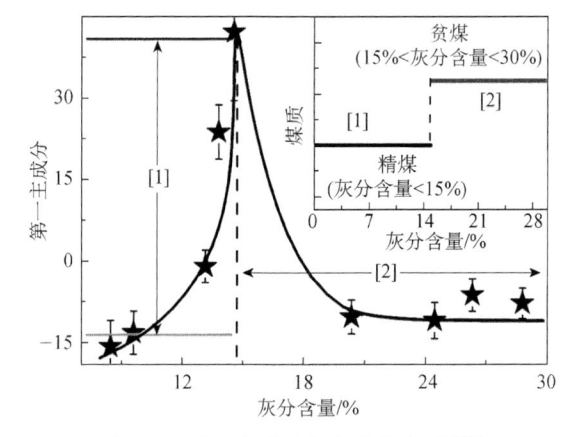

图 8-11　第一主成分与灰分的关系[44]

综上所述，针对表征不同元素对太赫兹响应的影响及鉴别煤炭煤质这两个不同的要求，分别选用了聚类分析和主成分分析两种方法，结果均达到了前述需求，说明这两种方法对煤炭的综合表征都十分必要。

8.3 地沟油的鉴别

地沟油，即生活中存在的各种劣质油，包括回收的废弃食用油反复煎炸后的食用油，下水道垃圾、剩饭菜或劣质动物内脏提炼出的油等。目前，地沟油检测的主要方向，是通过利用各种方法判定待测油品中是否含有某种特定成分，或某类指标是否在合适范围内，如检测胆固醇含量、脂肪酸不饱和度、钠元素含量、电导率大小、十二烷基苯磺酸钠等[45]。但是，地沟油并不存在共有且独有而合格食用油完全不具有的化学物质，因此，基于光谱学方法及统计分析的直接表征或许是另一个地沟油检测的有效方法。

本例中的样品为 1 种普通食用油和 8 种地沟油（来自于学校周边饮食摊位、经过反复煎炸过的锅底油，8 种地沟油的主要差别在于煎炸的食品不同），太赫兹光谱测试前已对地沟油做静置及过滤处理，使得地沟油样本与食用油样本在外观上无明显差别。本节将详细介绍不同方法，经过不同处理，实现地沟油的准确识别这一共同目标的相关光谱分析技术及过程。

8.3.1 聚类分析鉴别

要准确鉴别所测的一批物质为地沟油还是食用油，最简单的方式是将地沟油和食用油进行准确分类，食用油自成一类，而地沟油为另一类。分类最常用的方法就是聚类分析法，因此，这里首先介绍地沟油的太赫兹光谱聚类分析。

对 9 个样品进行聚类分析，经过 8 步逐步聚类，得到表征 9 种油品相似相异性的树形图，如图 8-12 所示。结果显示 9 种样品被分成两大类，从正规超市购买的食用油自成一类，其他 8 种不能继续食用的油组成一类，即基于太赫兹时域光谱的聚类分析方法把地沟油与正常食用油进行了有效区分。食用油和地沟油之间的欧氏距离变化较大，在距离系数为 1.11～3.27 可划分为两个表征群（地沟油及食用油），8 种地沟油的距离在 0.12～1.11 波动，变化相对较小，说明地沟油与食用油在成分上存在较大差异，而几种地沟油之间存在相似性。因此，成分差异较小的地沟油与食用油得到了准确判定。对于餐桌上的未知油脂，可将其与已知的地沟油和食用油一起进行太赫兹光谱聚类分析，根据其类别可判定该油脂为地沟还是正规食用油。

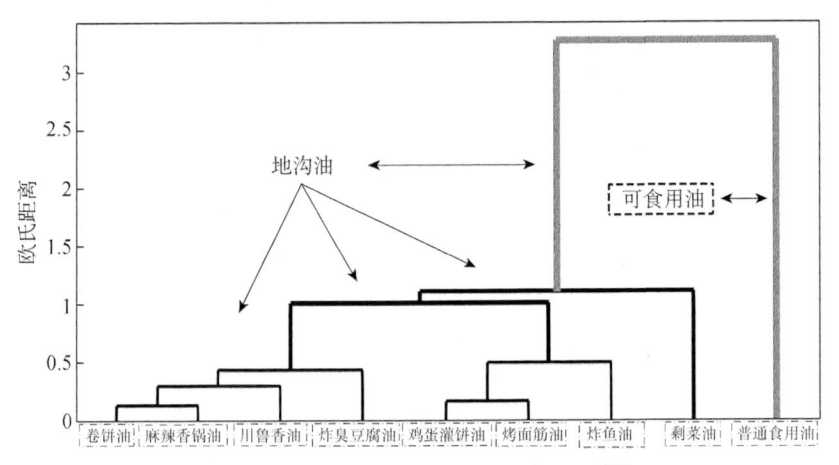

图 8-12　食用油及地沟油的聚类分析图[46]

8.3.2　主成分分析鉴别

类似于不同成品油的区分，地沟油与食用油的鉴别亦可使用主成分分析法，将有效频段内的吸收谱数据转化为几个主成分。图 8-13 表示地沟油与食用油样本在第一主成分(横坐标)和第二主成分(纵坐标)的二维坐标系中的位置分布，前两个主成分的贡献率分别达到了 97.4% 和 2.3%。

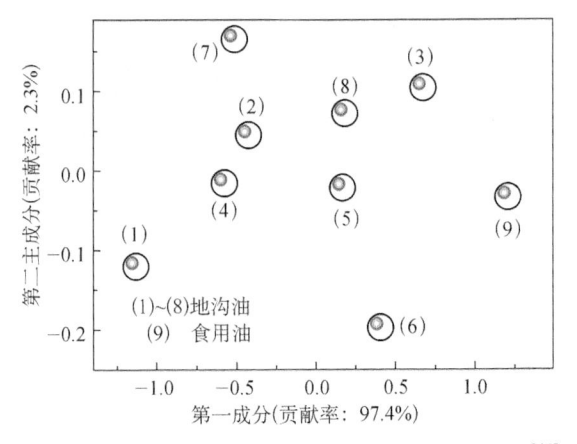

图 8-13　基于太赫兹吸光度的第一、二主成分得分[47]

鉴于第一主成分的高贡献率，单独提取所有样本的第一主成分得分，结果见图 8-14,8 种地沟油的第一主成分得分为-1.1~0.7,而食用油的第一主成分约 1.2,大于所有地沟油的主成分。因此，食用油的主成分得分明显高于地沟油，这一结果亦可作为地沟油快速检测的参考。

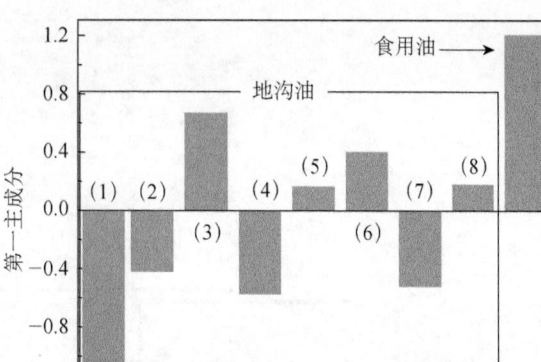

图 8-14　基于第一主成分的地沟油与食用油鉴别[47]

8.3.3　支持向量机

地沟油与食用油的鉴别亦可看成是两种类型的模式识别，这与支持向量机的基本特点不谋而合，因此将支持向量机分类应用于地沟油的识别。这里使用留一交叉验证法，任意选择 7 种地沟油与食用油进行支持向量机训练，并分别定义训练目标为 1 和 2，代表地沟油的类别为 1，食用油为 2。将留下的一个样本作为预测集，根据训练结果预测该样本的类别。运算完毕后，重新选择一个地沟油样本进行上述运算，共运行 8 次。所得结果如图 8-15 所示，横坐标表示油脂的类别为1 或 2，纵坐标代表油脂编号，经过支持向量机的训练，8 种地沟油在预测集中的预测值均为 1，说明它们均被支持向量机算法预测为地沟油。

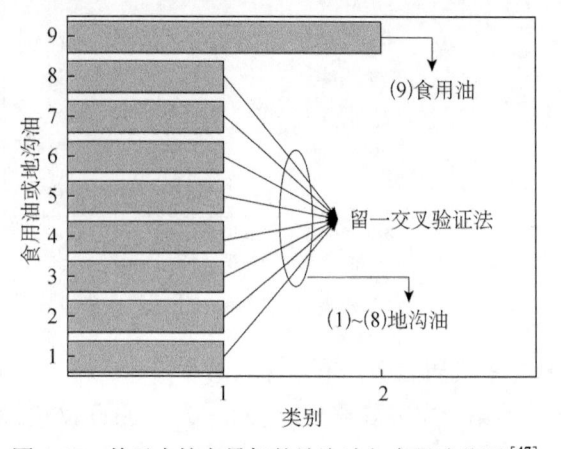

图 8-15　基于支持向量机的地沟油与食用油鉴别[47]

　　针对地沟油的鉴别这一共同目标和要求，聚类分析、主成分分析和支持向量机均可以实现。三种方法的原理、算法和特点各不相同，但都是定性分析的极佳选择，读者可根据实际情况对三种方法分别进行尝试，最终确定最有效的分析方法。

　　综上所述，本章是基于第 2～7 章所介绍的六种光谱分析方法，以成品油、煤炭和地沟油等研究对象为例，说明如何根据评价目标和实际需求，选用合适的光谱分析方法。这里，前述的所有分析方法均被使用。

　　总的来说，线性回归分析最常见，可用于大部分分析实例中，聚类分析、主成分分析和支持向量机分类可用作定性分析、模式识别，人工神经网络和支持向量机回归可在定量分析中使用，二维光谱则用于区分在原始吸收谱中被覆盖或隐藏的小峰和弱峰。多种光谱分析方法的联用无疑将有助于问题的解决和效率的提高，读者可在实践中掌握如何选择最适合的方法以及如何巧用相关的光谱分析技术。

参 考 文 献

［1］许景周，张希成. 太赫兹科学技术和应用. 北京：北京大学出版社，2007.

［2］杨玉平，张振伟. 太赫兹成像技术. 北京：中央民族大学出版社，2012.

［3］张存林. 太赫兹感测与成像. 北京：国防工业出版社，2008.

［4］Zhan H L，Sun S N，Zhao K，et al. Less than 6 GHz resolution THz spectroscopy of water vapor. Science China Technological Science，2015，58：2104-2109.

［5］Auston D H，Nuss M C. Electrooptical generation and detection of femtosecond electrical transients. IEEE Journal of Quantum Electronics，1988，24(2)：184-197.

［6］Grüner G，Nuss M，Orenstein J. Millimeter and Submillimeter Wave Spectroscopy of Solids. Berlin Heidelberg：Springer，1998.

［7］Han P Y，Tani M，Usami M，et al. A direct comparison between terahertz time-domain spectroscopy and far-infrared Fourier transform spectroscopy. Journal of Applied Physics，2001，89(4)：2357-2359.

［8］Dorney T D，Baraniuk R G，Mittleman D M. Material parameter estimation with terahertz time-domain spectroscopy. Journal of the Optical Society of America A，2001，18(7)：1562-1571.

［9］Duvillaret L，Garet F，Coutaz J L. Highly precise determination of optical constants and sample thickness in terahertz time-domain spectroscopy. Applied Optics，1999，38(2)：409-415.

［10］何正风. MATLAB 概率与数理统计分析(第 2 版). 北京：国防工业出版社，2012.

［11］谢宇. 回归分析. 北京：社会科学文献出版社，2013.

［12］Song Y，Zhan H L，Zhao K，et al. Simultaneous characterization of water content and distribution in high-wwater-cut crude oil. Energy Fuels，2016，30：3929-3933.

［13］Zhan H L，Zhao K，Xiao L Z. Non-contacting characterization of PM2.5 in dusty environment with THz-TDS. Science China-Physics，Mechanics & Astronomy，2016，59：644201.

［14］朱星宇，陈勇强. SPSS 多元统计分析方法及应用. 北京：清华大学出版社，2011.

［15］Zhan H L，Wu S X，Bao R M，et al. Water adsorption dynamics in active carbon probed by terahertz spectroscopy. RSC Advances，2015，5：14389-14392.

［16］Zhan H L，Wu S X，Bao R M，et al. Qualitative identification of crude oils from different oil fields using terahertz time-domain spectroscopy. Fuel，2015，143：189-192.

［17］谢中华. MATLAB 统计分析与应用 40 个案例分析(第 2 版). 北京：北京航空航天大学出版社，2015.

［18］韩力群. 人工神经网络教程. 北京：北京邮电大学出版社，2006.

［19］马锐. 人工神经网络原理. 北京：机械工业出版社，2010.

［20］飞思科技产品研发中心. 神经网络理论与 MATLAB7 实现. 北京：电子工业出版社，2003.

［21］Zhan H L，Zhao K，Bao R M，et al. Monitoring PM2.5 in the atmosphere by using terahertz time-domain spectroscopy. Journal of Infrared Millimeter & Terahertz Waves，2016，37：929-938.

［22］张德丰. MATLAB 神经网络应用设计. 北京：机械工业出版社，2009.

［23］Ge L N，Zhan H L，Leng W X，et al. Optical characterization of the principal hydrocarbon components in natural gas using terahertz spectroscopy. Energy Fuels，2015，29：1622-1627.

［24］Leng W X，Zhan H L，Ge L N，et al. Rapidly determinating the principal components of natural gas distilled from shale with terahertz spectroscopy. Fuel，2015，159：84-88.

［25］Vapnik V. The Nature of Statistical Learning Theory. New York：Springer-Verlag，2000.

［26］Vapnik V，Golowich S，Smola A. Support vector method for function approximation，regression estimation，and signal processing. Advances in Neural Information Processing Systems，1997，9：281-287.

［27］Müller K R，Smola A J，Rätsch G，et al. Predicting time series with support vector machines. Lecture Notes in Computer Science，1997，20(2)：999-1004.

［28］Suykens J A K，Vandewalle J，De Moor B. Optimal control by least squares support vector machines. Neural Networks，2001，14(1)：23-35.

［29］王定成. 支持向量机建模预测与控制. 北京：气象出版社，2009.

［30］Cristianini N，Shawe-Taylor J. 支持向量机导论. 李国正，王猛，曾华军，等译. 北京：电子工业出版社，2004.

［31］Bax A. Two Dimensional Nuclear Magnetic Resonance in Liquids. Boston: Reidel Publishing Company，1982.

［32］Ozaki Y，Liu Y，Noda I. A spectrometer for measuring time-resolved infrared linear dichroism induced by a small-amplitude oscillatory strain. Applied Spectroscopy，1988，42：203-216.

［33］Noda I. Generalized two-dimensional correlation method applicable to infrared, Raman, and other types of spectroscopy. Applied Spectroscopy, 1993, 47(9):1329-1336.

［34］Hoshina H，Ishii S，Morisawa Y，et al. Isothermal crystallization of poly(3-hydroxybutyrate)studied by terahertz two-dimensional correlation spectroscopy. Applied Physics Letters，2012，100，011907.

［35］雷猛，冯新泸，何滔，等. 广义二维相关光谱技术及其应用. 光谱实验室，2008，25(5)：996-1002.

［36］Zhan H L，Li Q，Zhao K，et al. Evaluating PM2.5 at a construction site using terahertz radiation. IEEE Transactions on Terahertz Science and Technology，2015，5：1028-1034.

［37］赵卉. 柴油和生物柴油燃料特性的太赫兹光谱探测与分析. 北京：中国石油大学(北京)博士学位论文，2012.

［38］Qin F L，Li Q，Zhan H L，et al. Probing the sulfur content in gasoline quantitatively with terahertz time-domain spectroscopy. Science China-Physics，Mechanics & Astronomy，2014，57：1404-1406.

［39］Zhan H L，Zhao K，Zhao H，et al. The spectral analysis of fuel oils using terahertz radiation and chemometric methods. Journal of Physics D：Applied Physics，2016，49：395101.

［40］Hu F R，Zhang L H，Xu X L，et al. Study on split-ring-resonator based terahertz sensor and its application to the identification of product oil. Optical and Quantum Electronics，2015，47：2867-2879.

［41］Arik E，Altan H，Esenturk O. Dielectric properties of diesel and gasoline by terahertz spectroscopy. Journal of Infrared Millimeter and Terahertz Waves，2014，35：759-769.

［42］谢和平，钱鸣高，彭苏萍，等. 煤炭科学产能及发展战略初探. 中国工程科学，2011，13(6)：44-50.

［43］詹洪磊，王玉霞，王雪松，等. 煤炭标准物质的太赫兹光谱聚类分析. 太赫兹科学与电子信息学报，2016，14(1)：26-30.

［44］Zhan H L，Zhao K，Xiao L Z. Spectral characterization of the key parameters and elements in coal using terahertz spectroscopy. Energy，2015，93：1140-1145.

［45］宝日玛，赵昆，滕学明，等. 地沟油的太赫兹波段光谱特性研究. 中国油脂，2013，38(4)：61-65.

［46］詹洪磊，宝日玛，戈立娜，等. 利用太赫兹技术和统计方法鉴别地沟油. 中国油脂，2015，40(4)：52-54.

［47］Zhan H L，Xi J F，Zhao K，et al. A spectral-mathematical strategy for the identification of edible and swill-cooked dirty oils using terahertz spectroscopy. Food Control，2016，67：114-118.